美育简本

珠宝之美一〇〇问

何雪梅　著

海峡出版发行集团
THE STRAITS PUBLISHING & DISTRIBUTING GROUP
福建美术出版社

图书在版编目（CIP）数据

珠宝之美 100 问 / 何雪梅著 . -- 福州 ： 福建美术出版社， 2023.3
（美育简本）
ISBN 978-7-5393-4324-2

Ⅰ . ①珠… Ⅱ . ①何… Ⅲ . ①宝石—问题解答 Ⅳ . ① TS934.3-44

中国版本图书馆 CIP 数据核字（2022）第 021791 号

出 版 人：郭　武
责任编辑：郑　婧
封面设计：侯玉莹
版式设计：李晓鹏　陈　秀

美育简本·珠宝之美 100 问

何雪梅　著

出版发行：福建美术出版社
社　　址：福州市东水路 76 号 16 层
邮　　编：350001
网　　址：http://www.fjmscbs.cn
服务热线：0591-87669853（发行部）　87533718（总编办）
经　　销：福建新华发行（集团）有限责任公司
印　　刷：福州印团网印刷有限公司
开　　本：889 毫米 ×1194 毫米　1/32
印　　张：7.5
版　　次：2023 年 3 月第 1 版
印　　次：2023 年 3 月第 1 次印刷
书　　号：ISBN 978-7-5393-4324-2
定　　价：48.00 元

《美育简本》系列丛书编委会

总策划

郭　武

主　任

郭　武

副主任

毛忠昕　　陈　艳　　郑　婧

编　委（按姓氏笔画排序）

丁铃铃　　毛忠昕　　陈　艳

林晓双　　郑　婧　　侯玉莹

郭　武　　黄旭东　　蔡晓红

本书编写组

何雪梅（著）

参编人员： 王　珊　　张天翼

　　　　　　王奕贲　　梅筱柳

　　　　　　刘清皓　　王梓婷　　连圆亚

　　　　　　冯鹏瑶　　董京娱　　姚雨薇

　　　　　　申梦梦　　刘峻宇　　吴欣茹

　　　　　　王婧雯　　胡　燕　　王雪峰

　　　　　　吕林素　　邵　萍　　申南玉

　　　　　　陆海娜　　朱蓓蓓　　彭艳菊

　　　　　　林晨露　　李星宇　　张珈铭

　　　　　　刘灵钰　　卢思语　　代荔莉

目　录

珠宝何其美?
——珠宝的品种及特点之问

珠宝如何选？

——珠宝的鉴赏与选购之问

珠宝如何戴?
——珠宝的佩戴与保养之问

珠宝何其美?

——珠宝的品种及特点之问

1. 珠宝玉石有多美?

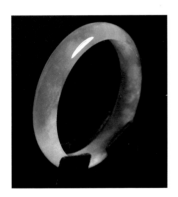

图1-1　翡翠手镯
於晓晋供图

谈及珠宝玉石，大家脑海中浮现的是哪些画面呢？是闪闪发光的钻石，是高贵典雅的翡翠，抑或是温柔婉约的珍珠？这些大自然的美丽馈赠以珠宝玉石的身份走进人们的生活，装点着这个世界。珠宝玉石是个很大的概念，色彩瑰丽、晶莹剔透、坚硬耐久，并且稀少及可琢磨、雕刻成首饰和工艺品的矿物、岩石和有机材料，皆可称为"珠宝玉石"。顾名思义，我们可将其拆分成"珠、宝、玉、石"四方面，即包含有机宝石、单晶体宝石、多晶集合体玉石和印章石等珍贵物质或材料。

有机宝石是由自然界生物生成的、部分或全部由有机物质组成、可用于首饰及装饰品的材料，珍珠是最具代表性的品种，除此之外，还有琥珀、珊瑚、象牙、煤精、砗磲、玳瑁等品种。目前有机宝石的品种不多，仅有十余种，且部分属于自然生物或生态保护品种，已禁止开采和使用（如象牙、玳瑁、砗磲等）。

单晶体宝石以钻石、红宝石、蓝宝石、祖母绿最具代表性，此外还有水晶、碧玺、海蓝宝石等。它们都兼具美观、耐久和稀少性等特点，能够加工成漂亮的首饰，晶莹剔透，闪闪发光，五彩斑斓，闪人眼眸。

以和田玉、翡翠为首的玉石具有极高的工艺价值。玉石是多种矿物集合的产物（即多晶集合体），这造就了它的颜色、质地的多样性。除和田玉、翡翠外，岫玉、独山玉、绿松石、玛瑙等都是玉石市场的"宠儿"。

"石"字所代表的印章石在中国传统文化中历史悠久，古代的帝王将相和文人雅士多用印章石在诗画等作品中留下时代的印记，如田黄石、青田石、鸡血石等。

图1-2　金珍珠项链
Olympe Liu设计工作室供图

图1-3　钻石戒指
Olympe Liu设计工作室供图

图1-4　彩色宝石戒指集锦图
花冠珠宝供图

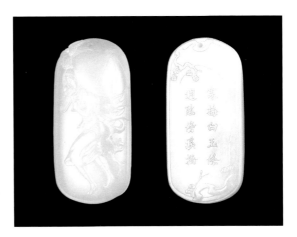

图1-5 和田白玉籽料牌
"风雨潇潇"（正反面）
翟倚卫作品、林子权供图

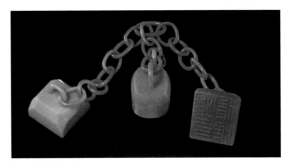

图1-6 清·田黄石乾隆
帝三联印、故宫博物院藏

　　珠宝玉石具备美丽、耐久、稀少三大要素。毋庸置疑，美丽是珠宝玉石所需要具备的首要条件。世人皆爱珠宝玉石，源于珠宝的缤纷色彩、玲珑剔透、光彩熠熠，这些都对爱美之人产生巨大的吸引力，这亦印证了"爱美之心人皆有之"的说法。瑰丽的珠宝玉石所拥有的艺术魅力体现了人类对美的追求，对美的一种认知，更是人们艺术观赏能力的一种外在表现。珠宝玉石应当具有一定的硬度、韧性和化学稳定性，便于佩戴、保存、收藏和传承。珠宝玉石更深层次的意义，不仅在于当代的存有，更在于人文精神、历史文化的传承。苛刻的生长条件，使得珠宝玉石并不如沙土一般随处可见。迄今为止，自然界中发现的矿物有5500多种，可以作为珠宝玉石的矿物只有300余种，在市场上比较常见的珠宝玉石仅有数十种，可见成为珠宝玉石的要求是极高的。天然珠宝玉石产于自然，一经挖掘，便是不可再生，随着人们的采集，数量日益减少，因此它是稀少的；"物以稀为贵"，因此它也是珍贵的。

大自然将美好灌输在珠宝玉石上，画出一道属于人间永不消逝的彩虹。但珠宝玉石仅仅指这些"天然的礼物"吗？其实不然，人工制造的宝石也包含在珠宝玉石范围内。珠宝玉石是对天然珠宝玉石和人工珠宝玉石的统称。目前珠宝市场中存在部分人工珠宝玉石，较为常见的有合成红宝石、合成蓝宝石和合成立方氧化锆等，它们身上虽然有着人为痕迹，但同样将美丽传递给世间。珠宝玉石是自然的馈赠与人类智慧的结合，愿其光彩永久焕发，美好永世长存。

图1-7　合成红宝石和合成蓝宝石裸石

图1-8　合成立方氧化锆戒指

2. 国际上的名贵宝石通常有哪些?

曾闻"王侯将相宁有种乎",官有等级之别,物有好坏之分,而在珠宝之中,亦有常见与稀有、寻常与名贵的价值高低之分。根据价值规律和稀缺程度所划分出的名贵宝石,是指传统的、历来被人们所珍视的、价值较高的宝石。目前国际公认的名贵宝石有钻石、红宝石、蓝宝石、祖母绿这四个品种,即通常所谓的"四大宝石"。

(1)钻石:英文名为Diamond,源自希腊文Adamas,意为坚硬无比、不可征服。钻石的使用有着悠久的历史,自古便作为宝石或用作雕琢坚硬材料的工具,还是西方历代王朝装点神像、显示身份、代表权力和地位必不可少的宝石饰品。时至今日,钻石依然是宝石中被研究最多、分级最严、使用最广、市场占比最大、价格最高的宝石,享有"宝石之王"的美誉。

(2)红宝石:英文名为Ruby,*Lapidaireen Vers*一书将红宝石形容为"上帝创造万物时所创造的12种宝石中最珍贵的宝石"。红宝石炙热的红色总是使人们把它和热情、爱情联系在一起,因此红宝石被誉为"爱情之石",象征着爱情的美好、永恒和坚贞。

图2-1　钻石皇冠

（3）蓝宝石：英文名为Sapphire。《圣经》中，犹太人相信蓝宝石来自造世主耶和华的王座，能给陷于混沌迷惘中的犹太人民带来一道光明，因此被神从王座上剥下，掷于人间以传达神的心声。此后，蓝宝石便成了高贵、真理、真诚和忠诚的象征。

（4）祖母绿：英文名为Emerald。古希腊人称祖母绿为"发光的宝石"，视其为唯一能与"维纳斯女神"相匹配的高贵珍宝。祖母绿那抹温和的碧绿，能使人在凝视后疲劳尽除，一身轻松。所以，祖母绿不仅代表着财富、幸福与久远，还承载着春意盎然、生机勃发之意。

图2-2　红宝石首饰

图2-3　蓝宝石戒指
劳德珠宝供图

图2-4　格兰纳德伯爵夫人特别订制款祖母绿项链（卡地亚1932）

3. 为什么说宝石的微观世界是"美丽的花园"？

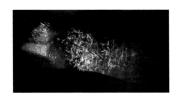

图3-1　红宝石中短针状包裹体
Guild供图

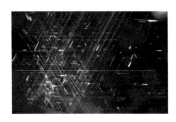

图3-2　蓝宝石中长针状包裹体
Guild供图

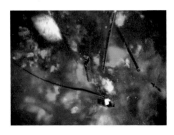

图3-3　黑欧泊中棒状矿物包裹体
Guild供图

图3-4　海蓝宝石中雨丝状包裹体

一花一世界，一叶一菩提，人们总能从微观的事物中窥探出宏观的宇宙，宝石也是如此。不知你可曾想过，手中的宝石也许就是一个世界？如果说色彩艳丽、晶莹剔透、光彩四射的宏观外在已是百媚生，那么我们在宝石内部所见的形态各异的包裹体，更会让人感受到五彩斑斓、姿态万千的美，宛若一个美丽的花园，让人深陷其中，流连忘返。

宝石的微观世界是由宝石内部的包裹体构成的。宝石包裹体即宝石的内含物，是宝石在形成过程中，由自身与外部因素形成于宝石内部的特征。

红宝石中短针状的金红石包裹体相互交错，似五颜六色的蝴蝶在这个"美丽的花园"上空翩翩起舞；蓝宝石中长针状包裹体错落有致，栅栏里的世界因了它们仿佛变得神秘莫测；黑欧泊色彩斑斓、长短不一的棒状矿物包裹体犹如一只只小昆虫，在花间游戏打闹，好不快活；海蓝宝石带来了"雨丝状"包裹体，花园里似乎开始下起淅淅沥沥的小雨，一片朦胧美景；尖晶石内部的球状包裹体好似露珠，雨后，便从叶间滚落，晶莹剔透，闪闪发光；橄榄石中有一片"莲池"，"睡莲叶状"舒展开来，悠闲自在。这些包裹体形态各异、成分迥异，诉说着无尽的微观世界的精彩纷呈。

　　当然，这些包裹体不只是"花瓶"而已，它们小小的身体还有着大大的效用。有些宝石中含有特定的包裹体，它们是宝石在生长过程中留下的痕迹，是宝石的"身份证"。这小小的生长痕迹甚至还能让"化妆后"的宝石无处遁形，更重要的是，宝石内部包裹体数量的多少、颜色的深浅、颗粒的大小、分布的疏密决定了宝石净度的高下，是衡量宝石价值的重要尺度之一。宝石的微观世界毫不吝惜地展示着宝石的美丽，也逐渐成为宝石真实性的象征。我们也许无法用肉眼看见这份美丽，但我们有权利知道我们随身携带着一个"微型的美丽花园"。

图3-5　尖晶石中球状晶体包裹体，Guild供图

图3-6　橄榄石中睡莲叶状包裹体

4. 为什么有些宝石表面看起来有五彩斑斓的闪光?

我们都知道,自然界的白光是由红、橙、黄、绿、青、蓝、紫七种颜色组成的。当自然光经过棱镜时会被分解成不同颜色的光。被切磨成刻面的宝石就相当于一个棱镜,即光的分解器,当白光照射到宝石的刻面时,会被分解成七种颜色的光。当我们晃动手里的宝石时,便可以见到五彩斑斓的闪光,这种闪光便是我们通常所说的"宝石的火彩",在宝石专业领域中被称为"色散"。

宝石的火彩有强有弱,通常与宝石的品种和宝石的切工有关。一般情况下,折射率偏高的宝石,火彩较为强烈,如钻石、合成立方氧化锆和合成碳硅石;折射率较低的无色蓝宝石和无色碧玺则火彩较

图4-1　钻石刻面宝石

图4-2　合成立方氧化锆(左1、左2)和合成碳硅石(右1、右2)刻面宝石

009

弱。此外，火彩也与切工有关，切工好的钻石成品往往呈现出非常明显的火彩，就像一团璀璨的火焰在钻石中流动。当然如果色散值过大，比如金红石、闪锌矿、翠榴石等，就算没有理想的切工，也会有明显的火彩，整颗宝石表现得花花绿绿，甚至有一点不真实的感觉。需要说明的是，在同种宝石类型中，无色品种火彩较有色品种更为明显，也就是说，宝石的颜色越浓郁反而会掩盖其火彩。

随着缓慢转动，钻石可以呈现出非常漂亮的火彩，这种奇彩光芒能够迅速改变，闪烁不定，异常迷人。美丽缤纷的光芒向来是吸引人们驻足观看的一大利器，而宝石无时无刻不在展现着这份迷人的魅力。五彩斑斓的闪光是大自然赋予的美丽，宝石也正用这份馈赠装点着整个世界。

图4-3 无色蓝宝石项坠
劳德珠宝供图

图4-4 无色碧玺刻面宝石
安得珠宝供图

图4-5 闪锌矿刻面宝石
安得珠宝供图

图5-1　金绿宝石猫眼
劳德珠宝供图

图5-2　碧玺猫眼
安得珠宝供图

图5-3　星光红宝石戒指

图5-4　星光蓝宝石戒指
於晓晋供图

5. 宝石有哪些美丽的光学效应？

在珠宝的世界里，有漫天星辰，有皎洁月光，亦有冬日暖阳。宝石耀眼美丽，个性张扬，每一种宝石都各具特色，都在用独特光芒点亮着不同的人生。宝石具有各式各样的光彩，这些特殊的光学特征，我们称之为特殊光学效应。常见的特殊光学效应有猫眼效应、星光效应、变彩效应、晕彩效应、变色效应、月光效应、砂金效应。

（1）猫眼效应：在平行光线照射下，以弧面形切磨的某些珠宝玉石表面呈现出一条明亮光带，光带会随宝石或光线的转动而移动，犹如猫的眼睛，灵活明亮，这种现象称为猫眼效应。具有猫眼效应的常见宝石品种有金绿宝石猫眼、海蓝宝石猫眼、石英猫眼、碧玺猫眼、矽线石猫眼等。

（2）星光效应：当光照射到一些宝石的表面，可以看到两条、三条或六条相互交错的光线，这些光线发出的光就像天空中闪烁的星光一样美丽。当光源移动时，宝石表面的这些光线也会随着一起移动。这种现象在宝石学中，被称为星光效应。星光宝石中，最受欢迎的当属星光红宝石和星光蓝宝石，它们常表现为六射星光，偶尔可见十二射星光。其他具有星光

效应的宝石还有铁铝石榴石、尖晶石、透
辉石、堇青石等。

（3）变彩效应：一些宝石因特殊结
构对光的干涉、衍射作用产生颜色，且随
着光源或观察角度的变化，色彩不断游
动变化，缤纷多彩，这种现象称为变彩效
应。变彩效应最具代表性的宝石品种便是
欧泊，它被誉为"画家手中的调色盘"。

（4）晕彩效应：当光进入一些宝石
时，因薄膜反射或衍射而发生干涉作用，
致使某些颜色的光减弱或消失，某些颜
色的光加强，随着不同角度的转动，整块
宝石闪耀着迷人的光芒，显示出蓝色、绿
色、橙色、黄色、紫色和红色交替变换的
效果，这种奇妙的光学景象即晕彩效应。
具有晕彩效应的宝石主要为拉长石，它如
画卷般梦幻，似星河般璀璨。

图5-5　欧泊吊坠
赵何膺供图

图5-6　欧泊原石

图5-7　拉长石手串
Olympe Liu设计工作室供图

图5-8　晕彩拉长石原石
龚霞供图

（5）变色效应：同一宝石在不同光源下呈现出不同的颜色，宝石学上将这种特殊光学效应称为变色效应。戏曲表演中有着令人着迷的川剧变脸，而宝石中最著名的"变脸表演爱好者"当属有着"白昼里的祖母绿，黑夜里的红宝石"之称的变石。在日光灯的照射下，变石呈绿色，而在白炽灯的照射下则呈红色。此外，蓝宝石、石榴石、萤石也可具变色效应。需要说明的是，只有具有变色效应的金绿宝石可称为"变石"，而其他具有变色效应的宝石在命名时必须在珠宝玉石基本名称前加"变色"二字，如变色蓝宝石、变色石榴石、变色萤石等。

（6）月光效应：在光的照射下，一些宝石可随着转动，在其表面见到白色或蓝色的晕彩，看似朦胧的月光，这就是月光效应。月光石是具有月光效应的最具代表性的宝石品种，它的基底通常呈无色至白色，还有红棕色、绿色、暗褐色等，透明或半透明，表面浮有柔和的蓝色、白色光芒，如月光般皎洁又神秘。

图5-9　变石的变色效应

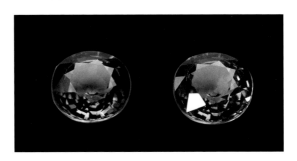

图5-10　变色石榴石

（7）砂金效应：宝石内部因含细小片状矿物包裹体对光反射产生的闪烁现象，即砂金效应。具有砂金效应的宝石品种以日光石为主，因其内部含有定向排列的赤铁矿等金属矿物薄片，在光的反射下能够发出红色或金色的闪光，正如阳光般熠熠生辉。除此之外，在东陵石、砂金玻璃中也可见砂金效应。

图5-11　月光石裸石
吴翠文供图

图5-12　月光石戒指
Olympe Liu 设计工作室供图

图5-13　日光石砂金效应

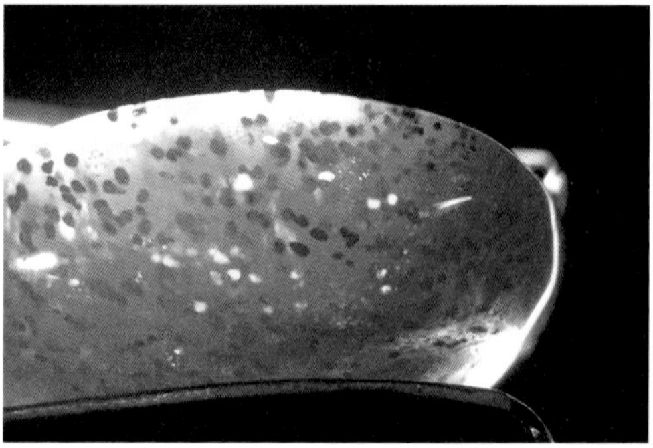

图5-14　日光石中的片状包裹体

6. 所有具有猫眼效应的宝石都叫 "猫眼"吗?

图6-1　猫眼，劳德珠宝供图

提及世界上极有灵性的动物，相信很多人会想到猫。一双明眸，透亮无比，仿佛藏着星辰大海；一对瞳孔，散发独特光芒，漂亮而又神秘。在宝石王国里众多灿烂美丽的宝石中，有很多宝石似猫眼般灵动，展示着独特魅力，但它们并非都能享有"猫眼"一名。

"猫眼"的英文名称为Cat's eye，是指具有猫眼效应的金绿宝石，其弧形观赏面在光的照射下可以呈现出一条明亮的光带，转动宝石，光带会一开一合，酷似猫儿的眼睛，因此得名。除猫眼外，能够产生猫眼效应的宝石其实还有很多，然而并非所有具有猫眼效应的宝石品种都可以叫作"猫眼"。国家标准《珠宝玉石名称》（GB/T 16552-2017）规定，只有"金绿宝石猫眼"可直接定名为"猫眼"，而其余具有猫眼效应的宝石品种，必须在珠宝玉石基本名称后加"猫眼"二字，如石英猫眼、磷灰石猫眼、欧泊猫眼、碧玺猫眼、海蓝宝石猫眼、祖母绿猫眼、绿柱石猫眼、月光石猫眼等。

需要注意的是，变石是具有变色效应的金绿宝石，有了猫眼效应的叠加，可命名为"变石猫眼"，它好似一对双色瞳，

图6-2　碧玺猫眼，安得珠宝供图

图6-3 欧泊猫眼
安得珠宝供图

图6-4 蓝色碧玺猫眼
安得珠宝供图

图6-5 黄色绿柱石猫眼
安得珠宝供图

神秘迷人。"猫眼"中灵动的眼线、"变石"变幻的色彩，让人不由惊叹大自然造物的奇妙，"猫眼"和"变石"这对彩色宝石中的奇珍异宝，深受各国人民的喜爱，被誉为"奇异宝石"。变石猫眼则更为罕见，被称为"稀世珍宝"。

黑夜中的猫眼放射出神秘之光，充满活力与灵气。除了以上宝石品种可以具有猫眼效应外，石英质玉石中的木变石家族也有具猫眼效应的品种，即虎睛石、鹰睛石。木变石是指由二氧化硅交代石棉纤维而成的隐晶质至显晶质石英集合体，以纤维状结构为主。当组成木变石的纤维较细、排列较整齐时，弧面型宝石的表面就会出现猫眼效应，且一般眼线较宽。其中，以金黄、褐黄、棕红色等颜色为主的木

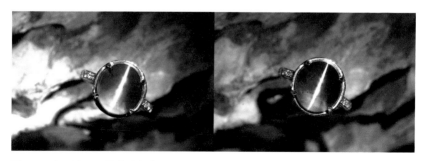

图6-6 变石猫眼、劳德珠宝供图

变石称为虎睛石；以深蓝、灰蓝、绿蓝等蓝色调为主的木变石则称为鹰睛石。虎睛石和鹰睛石多用于制作珠宝首饰，如各式手镯、手串等。

具有猫眼效应的宝玉石品种犹如珠宝家族中的灵动舞者、暗夜精灵，随光变幻，顾盼生姿。但在偌大的珠宝家族中，拥有这灵动眼线的并非都是"猫眼"，它们各具特色，同样拥有各自的"专属姓名"，在一众宝石中独树一帜，生动别致，引人注目。

图6-7　虎睛石手镯

图6-8　鹰睛石手串

7. "达碧兹"是宝石吗?

达碧兹其实不是一种宝石,而是一种由宝石结构造成的特殊生长现象,这种现象最早在祖母绿中被发现。祖母绿矿工第一次发现这种图案的宝石时,便用"达碧兹"来形容这类宝石。达碧兹(Trapiche)一词来自西班牙语,原意是研磨蔗糖的轴辘。通常达碧兹祖母绿宝石中心有一六边形的核心,由此放射出太阳光芒似的六道线条,形成一个星状的图案。当地人深信这是神的特别恩赐,每一道线条都是上天对人类的祝福,分别代表着健康、财富、爱情、幸运、智慧、快乐。

图7-1　木佐达碧兹祖母绿

达碧兹结构是由独特的六边形和放射状黑色臂构成,像六条"星线"把宝石分割成六瓣。它与星光效应表面上看有些相似,但其实区别很大:星光效应的六线形状是在宝石表面并会随光源移动,而达碧兹的六条星线是不透明、不会移动的,这种六边形结构是固定在宝石里面的。1879年,法国矿物学家Emile Bertrand(埃米尔·伯特兰)在法国地质学会的一次会议上首次对其进行了描述。

图7-2　契沃尔达碧兹祖母绿

达碧兹祖母绿主要产于哥伦比亚木佐(Muzo)地区和契沃尔(Chivor)地区。木佐产出的达碧兹祖母绿,中间有暗色核和放射状的臂。契沃尔出产的达碧兹祖母绿，中心为绿色六边形的核，由核的六边形棱柱向外伸出六条绿臂。

除了祖母绿之外，红宝石、蓝宝石、海蓝宝石、碧玺、水晶等也都有过达碧兹的身影。

这种宝石的特殊生长现象，似天使之眸，运用到首饰设计中，加上设计师天马行空的想象，达碧兹天然的纹理被发挥得淋漓尽致，大自然创造的美得到了进一步的升华，作品具有个性化的同时又具有一种浑然天成的美。

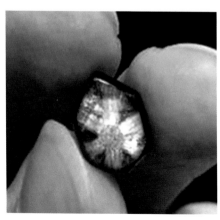

图7-3　达碧兹蓝宝石
江敏瑜供图

图7-4　达碧兹祖母绿戒指
石婧祎供图

8.钻石为什么被称为"宝石之王"?

从古至今,钻石——诞生于地壳深处、在高温和高压的煎熬下勇敢结晶而成的美丽石头一直深受人们的青睐。在宝石的世界里,钻石被誉为"宝石之王",这与它自身的性质和文化底蕴密不可分。

（1）文化价值

钻石的英文名为Diamond,源自希腊文Adamas,意为不可征服。这是由于钻石原石有着酷似两个金字塔倒扣在一起的八面体外形,有坚固、锐利、能摧毁一切的含义。公元前几百年,钻石首次在印度被发现,当时人们看重其驱邪的法力多于漂亮的外表,视之为护身符,认为佩戴它可免受毒蛇、猛火、恶疾及盗贼的侵害,更可伏妖降魔。钻石一直被人类视为权力、威严、地位和富贵的象征,其坚不可摧、攻无不克、坚贞永恒和坚毅阳刚的品质,是人类永远追求的目标。

（2）备受喜爱

在自然界所有宝石品种中,唯有钻石是由单质碳组成的,这种纯净唯一由内而外显现。此外,钻石外观亮丽、光泽璀璨、动人心魄,这是由于钻石是集高折射、高色散、金刚光泽、高亮度为一体的宝石,能够呈现出火焰般冷艳、璀璨夺目

图8-1 八面体钻石原石

图8-2 光芒四射的钻石

的美丽光彩。它光芒四射，是备受人们喜爱的宝石品种。

（3）硬度最高、化学稳定性最强

俗话说"不是金刚钻，别揽瓷器活"——在所有宝石品种中，钻石的摩氏硬度为10，位居宝石之首，也是自然界中所有矿物之首，可用来切割其他所有宝石。不管历经多少岁月，钻石凭借其超稳定的化学性质（耐强酸强碱，可用王水进行清洁）依然保持着原来的模样，不畏腐蚀，不惧风霜，在这一特性方面，其他任何宝石或金属无法与之相媲美。

（4）贸易额最大

在世界宝石贸易中，钻石的销售额位列众宝石之首（占总贸易额的70%～80%）。不仅如此，钻石同黄金一样作为国家财富的标志，归入战略储备之中，由此可见钻石的珍贵。

钻石是神秘、力量、勇气和无敌的化身，承载着高尚与邪恶并存的古老传说，见证了拥有与背弃的莫测爱情，甚至左右了辉煌与落寞交替的沧桑帝国。钻石用其纯洁闪耀的外观、坚硬稳定的性质、最大的珠宝贸易额以及深厚的历史文化寓意而成为当之无愧的"宝石之王"。

图8-3　卡地亚钻石花环项链

图8-4　卡地亚钻石王冠

9. 钻石也有彩色的，你知道吗?

市场中多数钻石是无色透明的，因此有些人认为所有钻石都无色透明，其实钻石的世界同样色彩纷呈，不单单只有一种颜色。彩色钻石是大自然调配出来的惊喜，更是钻石中的佼佼者，平均每十万颗宝石级钻石中才会出现一颗彩色钻石。

彩色钻石是指除无色至浅黄色系列钻石外的其他颜色钻石品种，主要有黄钻、粉钻、蓝钻、绿钻和黑钻等。

（1）黄钻：黄色是彩色钻石中最常见的颜色，当黄色饱和度高到一定程度，便会呈金黄色、酒黄色或琥珀色。钻石的黄色是其在形成过程中，氮原子取代钻石晶体中的某些碳原子所导致的。最著名的黄钻当属"蒂芙尼黄钻（Tiffany Yellow）"。

（2）粉钻：粉钻在彩钻中较为罕见，主要产出地是澳大利亚西北部的阿盖尔矿。有学者认为粉钻的颜色与晶体内部所含的氢元素有关。目前最大粉钻名为"粉红之星（Pink Star）"，重达59.60克拉。

（3）蓝钻：硼作为杂质元素在钻石中可使钻石呈现蓝色。最著名的蓝色钻石当属"希望钻石（Hope）"，现存于美国史密斯博物馆。

图9-1　不同颜色的彩钻
卡乐丝供图

图9-2　黄钻戒指
姜雪冬供图

图9-3　蒂芙尼黄钻项链

图9-4 粉钻戒指
姜雪冬供图

图9-5 蓝钻戒指

图9-6 绿钻戒指

（4）绿钻：绿钻所呈现出来的颜色主要与两个缺陷中心（GR1色心和H3色心）有关。目前世界最为有名的绿钻是"德累斯顿绿钻（The Dresden Green Diamond）"。

（5）黑钻：黑色钻石的颜色成因是其含有大量黑色内含物（多为石墨或碳化硅）。黑色钻石的价值较低，但值得注意的是，黑钻越来越多地被设计师应用在珠宝首饰上，卡地亚、尚美巴黎、萧邦等珠宝首饰中都有黑钻的身影。

彩钻的供应量十分有限，高品质的彩钻更是可遇不可求，均为稀世珍宝，彩钻不分时代、不分国界地迷倒了众多人。彩钻的诞生就像是一场美丽的邂逅，它用多样色彩装点着平凡人生，令人惊喜不已。

图9-7 黑钻戒指
赵显仪供图

图10-1　结婚对戒
Olympe Liu设计工作室供图

10. 钻戒作为婚姻盟约的象征起源于何时?

当钻石成了"浪漫""永恒"的代名词, 戒指象征着对彼此的忠贞, 钻戒亦随之成了婚姻仪式中必不可少的道具。那么钻戒成为婚戒, 究竟源于何时呢?

戒指具有相互维系的意思, 早在古罗马时代, 戴上戒指就成为男女互相承诺的一种方式。作为公开宣布结婚盟约的信物, 古罗马时期的戒指只是简单的铁环。到2世纪时, 人们才开始采用贵金属黄金来制作戒指。后来, 由于基督徒沿用古罗马的习俗, 婚戒成了婚礼中不可缺少的爱情信物。1477年, 法国勃艮第玛丽公主（Marie）到了婚嫁的年龄, 诸多欧洲皇室贵族纷纷示爱, 向玛丽公主伸出橄榄枝。与众多追求者相比，奥地利大公马克西米连（Maximilian）似乎并不占优势，于是他另辟蹊径，找到奥地利最好的工匠，打造了一枚独一无二的戒指。该戒指由黄金打造而成，中心用璀璨的钻石拼成玛丽公主名字的首字母"M"。如此的良苦用心，让马克西米连大公从一众"高富帅"中脱颖而出，成功打动了玛丽公主的芳心。订婚前，马克西米连大公给玛丽公主寄去书信，要求公主在订婚之日戴上那枚镶有钻石的黄金指环，这是史上第一枚带有钻石的婚戒。从此，钻戒成了坚贞不渝婚姻的象征，馈赠钻石戒指象征着对婚姻的承诺，开启了钻戒作为婚戒的先河。

1886年，蒂芙尼（Tiffany）用六个镶爪将一颗美钻托起，开启了一段璀璨传奇，六爪钻戒也成为最经典的婚戒款式之一。六爪镶又称皇冠镶法，将钻石镶在戒环之上，尽量将钻石承托起来，让光线全方位折射，使美钻尽显璀璨光华。除此之外，六爪皇冠钻戒也被赋予了非常浪漫的含义，六爪分别寓意责任、承诺、包容、信任、呵护以及珍惜，对应着婚姻中的每一个承诺。此后，大颗粒钻戒镶嵌形式不断发展，五爪镶、四爪镶、卡镶、豪华镶以及瑰丽镶嵌等款式也渐渐出现。

"钻石恒久远，一颗永流传"，几百年来，钻石晶莹剔透、纯洁无瑕、坚硬耐久的特质使得人们将坚不可摧的钻石与一生不变的爱情联系在一起，一句广告语让钻石成了表达爱意的最佳礼物。

图10-2　六爪皇冠钻石婚戒
Olympe Liu设计工作室供图

图10-3　瑰丽镶嵌钻戒
缘与美供图

11. 你知道那些有着传世色彩的世界名钻吗？

钻石拥有耀眼夺目的光芒，其绚烂华彩吸引了无数人的目光。钻石也因其有着"坚不可摧、不可征服"的意义而成为财富和权力的象征。稀少美丽的世界名钻惊艳世间，成就了一段又一段的世纪佳话。

（1）"摄政王"钻石

钻石最早被发现于印度克里希纳河及彭纳河流域，在17世纪以前印度一直都是钻石的唯一产地。1701年，一名印奴在戈尔康达的克里斯蒂纳河畔帕特尔钻石矿发现了一颗重约410克拉的钻石原石，其外观呈不均匀的淡蓝色。这名奴隶本想以钻石为条件让一名英国船长带他逃离矿区，便忍痛划破自己的大腿，将钻石藏于皮肉之中，不想船长在偷到这颗钻石后将这名印奴投入大海。钻石经历两次易主后，被当时法国摄政王——奥尔良公爵购入，由此取名"摄政王"钻石。而后，这颗钻石也曾在拿破仑的宝剑上出现过，但最终被镶在欧仁妮王后大婚时的王冠上，现今藏于法国卢浮宫博物馆。

（2）"库里南"钻石

由于地理环境上的优势，南非拥有大规模的钻石原生矿和砂矿，许多世界名钻诞生于此。1905年，南非阿扎尼亚的普列米尔矿山发现了一个巨大的钻石晶体碎块，重3106克拉，是迄今为止世界上最大

图11-1 镶嵌"摄政王"钻石的王冠　　图11-2 镶嵌"库里南I号"钻石的权杖　　图11-3 镶嵌"库里南II号"钻石的王冠

图11-4 "千禧之星"钻石

的钻石原石，取名"库里南"。而后，库利南钻石被送到荷兰阿姆斯特丹切磨成9颗大钻和96颗小钻，其中9颗大钻按重量递减排序，依次命名为库利南Ⅰ～Ⅸ号，最大的"库里南Ⅰ号"钻石（也称"非洲之星"）镶于英国国王的权杖上；次大的"库里南Ⅱ号"钻石镶于英国国王王冠上；其余被制成胸针、吊坠、戒指等饰品。这些臻品均珍藏于英国皇室中。

（3）"千禧之星"钻石

1992年，一位挖钻人在扎伊尔（现刚果民主共和国）姆布吉马伊地区一个小村子附近的河流冲积砂矿中发现了一颗晶体近乎完美、重777克拉的钻石，而后这颗稀世钻石被戴比尔斯购入。经过数年研究之后，世界顶级钻石切割师们将这颗钻石原石切割掉75%，以最大限度地展现光彩，加工成一颗重203.04克拉的梨形钻。为了迎接新千年的到来，戴比尔斯公司将这颗巨钻命名为"千禧之星"。

（4）"沂蒙之星"钻石

我国目前产出的最大的天然钻石产于山东，称"沂蒙之星"，重343.407克拉。"沂蒙之星"与中国传统工艺"花丝镶嵌"相结合，被制作成钻石艺术珍品"源昇"。该作品以中华民族的吉祥瑞兽——龙为创意形象，镶嵌红、黄、蓝三种彩色宝石的黄金龙立于福海之上，旋转

图11-5 艺术珍品"源昇"
苗向阳供图

升腾于祥云之中，口喷水柱托起"沂蒙之星"钻石，塑造出栩栩如生的"云水仙气"的艺术效果，以其歌颂太平盛世，祝愿国家繁荣。

　　历史的车轮永不停歇，一颗颗名钻的涌现，更是为世界带来了希望与财富。这些惊艳世人的钻石，不仅是绚丽夺目的瑰宝，更无声地记录着人类在追求美的旅途中前进的每一步。时至今日，我们对于钻石的寻找依然任重道远。

图11-6　"霍普"蓝钻
45.52 ct，产于印度

图11-7　"德累斯顿"绿钻
41 ct，产于印度

图11-8　"百年纪念"钻石
273.85 ct，产于南非

图11-10　蒂凡尼黄钻128.51 ct，产于南非

图11-9　"阿盖尔粉禧"钻石
12.76 ct，产于澳大利亚

图11-11　常林钻石
158.786 ct，产于中国

12. 为什么说红宝石和蓝宝石是"姊妹宝石"？

红色，火热、通透、浓烈；蓝色，宁静、明亮、梦幻。这如火般热情的红宝石和似天空般恬静的蓝宝石，拥有着浓淡相宜的颜色和优雅高贵的气质，它们以超凡脱俗的魅力在众多彩色宝石中脱颖而出。红宝石象征高贵的品德、热烈的爱情，是结婚40周年的纪念石；而蓝宝石则代表着忠诚与信任，为结婚45周年的纪念石。位列四大名贵宝石之中的红宝石和蓝宝石，赢得了万千宠爱，享受着百般赞誉，但颜色大不相同的二者，为何被珠宝界称为"姊妹宝石"呢？细细追究，原来两者可谓"同宗同源"。

图12-1　红宝石刻面宝石
吴璘洁供图

图12-2　红宝石项链11.38 ct
劳德珠宝供图

图12-3　蓝宝石原石

图12-4　素面蓝宝石耳钉
12.62 ct，劳德珠宝供图

红宝石和蓝宝石的主要成分都是氧化铝，在矿物学上同属刚玉家族，其物理性质除颜色外基本相同，如折射率、密度、硬度等均完全相同。刚玉宝石几乎涵盖了可见光谱中的所有颜色，在宝石级刚玉中，除了红色、橙红色、紫红色、褐红色的红宝石（Ruby），其他一律都称为蓝宝石（Sapphire）。因此，蓝宝石有着蓝色、蓝绿色、绿色、黄色、橙色、粉色、紫色、灰色、黑色、无色等多种颜色。

但为什么它们的颜色相差甚远呢？这是由其内部含有不同的微量元素所致。纯净的刚玉应该是无色透明的，当一些杂质元素代替氧化铝中的铝离子时，就出现了不同的颜色。

红宝石和蓝宝石这一对"姊妹宝石"晶莹剔透、鲜艳多彩，地位尊贵，常被用来装饰寺院和佛堂，更是国内外皇室贵族皇冠、礼服和权杖上不可缺少的珍稀宝石。而这迷人的颜色与璀璨的光泽同样吸引着一众珠宝设计师的目光，玩转撞色，更添高级。

图12-5 明·金镶红蓝宝石冠
云南博物馆藏、申南玉摄影

图12-6 不同色彩的红宝石和蓝宝石
沈雄供图

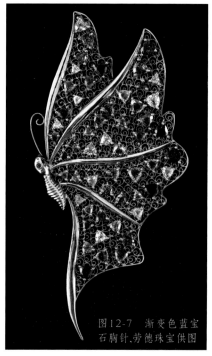

图12-7 渐变色蓝宝石胸针.劳德珠宝供图

13. 你知道英国国王王冠上的"黑太子红宝石"是红宝石的"替身"吗?

尖晶石有着与红宝石相媲美的顶级美丽颜色,一度被误认为红宝石。直到1783年,一名矿物学家将它与红宝石划分为了两种矿物,大众才逐渐知道它是尖晶石,尖晶石与红宝石虽然都具有纯正浓艳的红色,但二者却全然不同。

历史上最负盛名的红尖晶石莫过于"黑太子红宝石",这颗艳丽的红色宝石最早出现在14世纪的西班牙,是格拉达国王心爱的宝贝之一。1367年,卡斯蒂利亚国王佩德罗为了夺取格拉达国王的宝藏和江山,对其发起了猛烈袭击。在后来的一场战役中,佩德罗几乎功亏一篑,威尔士亲王爱德华(因其常穿黑色铠甲,故被称为"黑太子")率兵相助,才使他转危为安,最终获得了胜利。为了答谢"黑太子",佩德罗将一枚"红宝石"赠送给他,"黑太子"将其作为战争的胜利品收入囊中,它享受了长达几世纪的重视,伴随国王征战沙场,1660年被镶嵌在了英国国王的王冠上,一直被认为是红宝石,后经现代技术检测后确定是尖晶石。

图13-1 镶有"黑太子红宝石"的王冠

图13-2 金累丝龙纹嵌珍珠宝石帽顶
故宫博物院藏

在中国的清朝，朝廷规定官居一品者，所戴帽子的顶珠为红宝石，二品为红珊瑚，三品为蓝宝石，四品为青金石，等等。到了近现代，经过科学技术的检测，我国清朝绝大多数官员的红色顶珠也都不是红宝石，而是红色尖晶石。

虽然红色尖晶石作为红宝石的"替身"，在外观上与红宝石有很多相似之处，吸引了众人的目光，但尖晶石也有自己的独特魅力。它颜色丰富，色泽亮丽，除了广为人知的艳红色，尖晶石也有粉色、蓝色、橙色、紫色、绿色、无色和金属灰色等多种颜色。

有时候，"撞脸"是一种幸运也是不幸，尖晶石因为与红宝石"撞脸"被人熟知，也曾经被红宝石自带的"主角光环"所湮没。现在，尖晶石凭着自身优异的特性，在彩宝界占据了一席之地。那些和尖晶石相关的王朝故事随风飘散，而尖晶石作为传奇会依然如凤凰涅槃般永生。

图13-3　红色尖晶石戒指
刘宇婷供图

图13-4　粉色尖晶石戒指
刘宇婷供图

图13-5　金属灰色尖晶石
蝴蝶结耳环，刘宇婷供图

14. "祖母绿"和祖母有关系吗？它属于哪个矿物家族？

图14-1 祖母绿刻面宝石
安得珠宝供图

许多人初闻祖母绿这一名字，都曾疑惑，这是不是祖母辈才能佩戴的呢？其实这是一个音译的误会罢了。

祖母绿英文为Emerald，源自波斯语Zumurud(绿宝石)，后演化为拉丁语Smaragdus，又讹传为Esmeraude、Emeraude，而后成为英文拼写形式，汉语"祖母绿"为音译，因此祖母绿与祖母并无关系。

祖母绿自古就是珍贵宝石之一。相传距今约6000年前，古巴比伦就有人将之献于女神像前。在波斯湾的古迦勒底国，女人特别喜爱祖母绿饰品。几千年前的古埃及和古希腊人也喜欢用祖母绿制作首饰。中国人对祖母绿也十分喜爱。中国古代的祖母绿是从波斯经由"丝绸之路"传入的，汉语的"祖母绿"一词也是从波斯语Zumurud音译过来的。元代时就有对祖母绿的记载，陶宗仪《辍耕录》中的"助木刺"，即指祖母绿。明代冯梦龙《警世通言》中写的"杜十娘怒沉百宝箱"，其百宝箱中就有祖母绿这种珍贵宝石。清代王朝的遗物中也不乏珍贵的祖母绿宝石，如故宫博物院藏的金嵌珍珠宝石圆花，中心为一颗大块的祖母绿宝石，外围嵌两圈小

图14-2 清·金嵌珍珠宝石
圆花，故宫博物院藏

颗的祖母绿与红宝石，每圈各15粒，宝石皆随形。

"嫩绿柔香远更浓，春来无处不茸茸。"祖母绿这抹动人心扉的绿色，青翠悦目，是春回大地、万木逢春的象征，那动人的绿色，多看一眼都会让人迷醉。如此美丽的宝石属于哪个矿物家族呢？

其实，祖母绿是一种含铍铝的硅酸盐，因含致色元素铬离子及钒离子而呈现出柔和浓郁的绿色，属于绿柱石家族中最"高贵"的一员，且有"七大血统"之分。祖母绿的"七大血统"即七大产地，分别为哥伦比亚、赞比亚、巴西、阿富汗、印度、俄罗斯和津巴布韦，不同血统的祖母绿各有特色，也有高低贵贱之分。目前，哥伦比亚祖母绿在市场中价格居高。除了"七大血统"外，祖母绿的产地还有埃塞俄比亚、坦桑尼亚、南非、巴基斯坦等地。另外，祖母绿在中国也有少量产出，主要产于云南麻栗坡和新疆维吾尔自治区，但大多净度不高，较少能做成深绿色优质刻面宝石，多在市场上作为漂亮的矿物晶体标本进行销售。

祖母绿所在的绿柱石家族非常庞大，根据颜色和致色离子的不同，有不同的名称，其中天蓝色至海水蓝色的绿柱石称为海蓝宝石，粉红色系的绿柱石叫作摩根石，其他颜色的绿柱石有金色绿柱石、绿

图14-3　卡地亚祖母绿项链

图14-4　摩根石耳饰
Olympe Liu设计工作室供图

色绿柱石、红色绿柱石等。

　　绿柱石这个家族真是神奇，不仅有祖母绿这抹青翠悦目的绿色，还有海蓝宝石温柔似水的蓝色，摩根石柔和淡雅的粉色，就如同诗情画意的大自然一般，带给人无穷无尽的惊喜。

图14-5　海蓝宝石原石
国际彩色宝石协会ICA供图

图14-6　金色绿柱石原石
於晓晋供图

图14-7　绿色绿柱石原石
於晓晋供图

图14-8　红色绿柱石原石
於晓晋供图

15. 为什么说碧玺是"落入人间的彩虹"？

1500年，一支葡萄牙勘探队在巴西的深山中发现一种闪耀着七彩霓光的宝石，它晶莹剔透、色彩丰富，在幽暗的地下绽放出彩虹般绚烂的光芒，顿时惊艳了众人。这种美丽的宝石就是碧玺，被誉为"落入人间的彩虹"。

碧玺，即达宝石级的电气石，英文名称为Tourmaline，古僧伽罗（斯里兰卡）语Turmali一词衍生而来，意为"混合宝石"。碧玺以颜色艳丽、色彩丰富、质地坚硬而获得了世人的厚爱，是结婚8周年纪念石，享有"多彩宝石"的美誉。碧玺颜色丰富，常见的有红色、蓝色、绿色、黄色等，有时甚至会在同一个宝石上出现多种颜色。不同颜色的碧玺各有特色，大气者如抹着烈焰红唇的控场之王，身经百战，睥睨天下；清丽者似溪边嬉水的林间精灵，见之脱俗，一眼万年。接下来，让我们一起走进碧玺家族，来看看各具特色的"家族成员"。

（1）红碧玺：红碧玺是粉红色至红色碧玺的总称。其中少数鲜艳的红色碧玺被冠名"Rubellite"（音译"卢比莱"），它有着红宝石般鲜艳浓郁的亮丽色彩，热情奔放，极富魅力。

图15-1　碧玺晶体

图15-2　碧玺龙柱耳坠

图15-3　红碧玺
安得珠宝供图

图15-4　"Rubellite"红色碧玺
劳德珠宝供图

图15-5　蓝色碧玺
安得珠宝供图

图15-6　帕拉伊巴碧玺
安得珠宝供图

图15-7　深蓝绿色
碧玺

图15-8　黄绿色
碧玺

图15-9　绿色铬碧玺
安得珠宝供图

（2）蓝碧玺：蓝碧玺中常见深紫蓝或绿蓝色，偶见浅蓝到浅绿蓝色。纯蓝色的碧玺颜色饱和度较高，像是一抹融化在湖中沁人心脾的蓝色，商业上也称之为湖蓝色碧玺，非常稀有。蓝碧玺中名头最大的当属"帕拉伊巴"碧玺，高浓度的铜元素使得宝石具有十分罕见耀眼的霓虹绿蓝色调，晶莹剔透，色泽明快。

（3）绿碧玺：绿碧玺指以绿色为主色调的碧玺，呈深浅不同的绿色、黄绿色、蓝绿色、灰绿色等，鲜艳明快的绿碧玺（铬碧玺）甚至与祖母绿难分伯仲。铬碧玺是绿色碧玺中的佼佼者，是一种颜色纯正而深邃、含铬量较高的绿色碧玺。铬碧玺明艳闪亮、翠色灵动，蓝绿色和黄绿色碧玺低调内敛、纯净俊秀，这便是不同的绿色带给人们的不同视觉感受。

图15-10 褐黄色碧玺

图15-11 金丝雀碧玺

图15-12 莫桑比克紫碧玺

（4）黄碧玺：黄碧玺多为浅黄至深黄色，且多数带有褐色调。其中，如金丝雀羽毛般的鲜黄色碧玺有着"金丝雀"的美称。金丝雀碧玺呈现纯正的艳黄色，不带其他绿色、灰色、褐色等杂色，如同金丝雀鸟的羽毛一般艳丽，是碧玺中的稀有品种。

在碧玺家族中，还有很多成员，如紫碧玺、无色碧玺、黑色碧玺等。还有的碧玺上有两种或两种以上的颜色，或上下不同，或内外有别，称为"多色碧玺"，其中内红外绿者称为"西瓜碧玺"。

"斯人若彩虹，遇上方知有。"沐浴在彩虹下的平凡石子在沿途中获取了人世间的流光溢彩，被洗练得晶莹剔透。这藏在彩虹落脚处的宝石——碧玺，囊括了世间所有美丽的色彩，鲜艳灵动，晶莹悦目，带着我们走向一个满目皆是惊艳的色彩王国。

图15-13 红黄绿三色碧玺晶体

图15-14 西瓜碧玺戒指
劳德珠宝供图

16. 碧玺真的可以治病吗？

传说在公元1703年，荷兰的阿姆斯特丹有几个孩子在玩着航海者带回的一些石头，发现这些石头除了在阳光下色彩绚丽之外，还有能吸引或排斥灰尘、草屑的能力，于是，荷兰人称之为"吸灰石"，这就是碧玺，矿物名称为电气石。

碧玺这种美丽多彩的宝石为什么能够吸引灰尘呢？其实这与它的物理性质有着很大的关系。在受热条件下，电气石表面常会带有电荷，这些电荷对空气中的带异性电荷的灰尘有吸附作用，所谓的"吸灰性"归根结底是因为电气石具有热电性，环保领域已经开始广泛使用电气石来净化空气、降解污染物。需要说明的是，当电气石受到定向压力作用时，同样能够产生电荷（即压电性），可用于制造一些压强装置，如测深设备和探测不同压强的仪器。

碧玺作为宝石级的电气石，本身有着极具装饰性的色彩，加上有别于其他宝石的特殊性能，成为近年来宝玉石市场中的"热门选手"。碧玺除应用于珠宝首饰外，商家常常还会宣传碧玺有着治病的功能，如"佩戴碧玺项链可以治疗颈椎病""把玩碧玺能够治疗高血

图16-1 各色碧玺手串

压、糖尿病等老年病"等。那么，碧玺真的可以治病吗？

虽然碧玺具有热电性和压电性，但这种特殊性能必须在一定的条件下才能产生。通过佩戴、把玩这种方式，很难产生足够的压力和高温，因此，佩戴碧玺首饰使其产生微电流的可能性微乎其微。其实，所有的珠宝玉石几乎都具有"养生"功能，碧玺也不例外，但这种"养生"往往是心理上的。从碧玺本身所具有的色彩角度分析，碧玺能呈现很多不同的颜色，通过颜色表达可以从心理学角度产生一定的心理暗示作用，激发人的精神活力。此外，碧玺又因与"辟邪""必喜"谐音而被人们所喜爱，常被看作纳福驱邪的宝石。慈禧太后的殉葬品中就曾有一块重36两8钱（1840克）的碧玺莲花摆件，时值75万两白银；一品和二品官员的顶戴花翎上均须镶嵌碧玺，可见碧玺在当时社会文化中的特殊地位以及碧玺宝石带来的心理暗示作用。

人的心情愉悦，免疫力也会有所增强，身心愉悦，便起到了一定的养生作用。如果说依靠碧玺来治愈疾病，可能有点难为它了，但它鲜艳靓丽的七彩颜色，使看见它的人心生喜悦，也是一件妙事。

图16-2　碧玺首饰
於晓晋供图

17. 为什么欧泊被称为"画家手中的调色盘"？

古罗马自然科学家普林尼曾说："在一块欧泊石上，你可以看到红宝石般的'火焰'，紫水晶般的色斑，祖母绿般的绿海，五彩缤纷，浑然一体，美不胜收。"这样变幻多彩的欧泊也曾出现在杜拜的《马耳他马洛的珍宝》中，他用浪漫华丽的语句描述着这一美丽的珍宝；"当自然点缀完花朵，给彩虹着上色，把小鸟的羽毛染好的时候，她把从调色板上扫下来的颜料都浇铸在欧泊石里了。"因此，用"画家手中的调色盘"来形容欧泊再生动不过了。

欧泊一词是由英文名称"Opal"音译而成，欧泊的名称源自拉丁文Opalus，意思是"集宝石之美于一身"。欧泊以其特殊的变彩效应而闻名，欧泊变幻的绚丽色彩如画家的调色板，更是大自然美丽景色的缩影。

现在市场上的欧泊多产自澳大利亚、非洲、墨西哥和巴西等国家。欧泊的种类繁多，按照体色、透明度、围岩状态可分为以下几种类型。

（1）黑欧泊：指体色为中灰到黑的欧泊。在这样的体色上，欧泊的变彩会更加明艳。

（2）白欧泊：指体色为白至浅灰色的欧泊。

（3）火欧泊：指无变彩或少量变彩，体色为棕黄色、橙色、橙红色、红色的欧泊。

图17-1　欧泊原石，黄华供图

图17-2　黑欧泊裸石

（4）砾背欧泊：指欧泊层和围岩平行叠生在一起的整块欧泊。这样的欧泊别具风情，近年来越来越受到市场的欢迎。

（5）脉石欧泊：指欧泊层和围岩交互生在一起的欧泊。

（6）水晶欧泊：指整体呈亚透明至半透明的欧泊。

美丽的欧泊色彩丰富，品种多样，还寄托着人们美好的期望。罗马人认为欧泊是爱情、希望和纯洁的象征，是人们的护身符。其他不同的地域和文化也流传着关于欧泊的不同传说：阿拉伯人相信欧泊是电闪雷鸣时从天空中掉落的；古希腊人认为欧泊是预言之石，并能预防疾病；欧洲人则一直认为欧泊是希望、纯洁和真理的象征。

欧泊凭借着五彩斑斓的变彩而广受人们喜爱，大自然的鬼斧神工在这一方小小的欧泊上展现得淋漓尽致，星辰大海、极光川流、雨后彩虹……美丽的欧泊引发了人们无尽的遐想。

图17-3 黑欧泊

图17-4 白欧泊

图17-5 火欧泊
安得珠宝供图

图17-6 砾背欧泊

图17-7 脉石欧泊
VM梵与霖高级珠宝定制供图

图17-8 水晶欧泊

图18-1　海蓝宝石原石
国际彩色宝石协会ICA供图

18. 为什么航海者都喜欢佩戴海蓝宝石出行？

海蓝宝石英文名为Aquamarine，其中"Aqua"是水的意思，"marine"是海洋的意思。如海水般通透沁心的海蓝宝石，历来受到人们的喜爱，人们认为海蓝宝石是大海灵魂之托，拥有了海蓝宝石，就拥有了整片海洋。

在古老的传说中，人们感觉海蓝宝石的颜色像海水一样蔚蓝，便赋予它水的属性，推测这种美丽的宝石来自海底，为海水之精华，由此，海蓝宝石与"水"有了不解之缘。又因其诞生于海的传说，海蓝宝石被人们认为可以捕捉海洋的灵魂，所以也往往被水手所青睐，佩戴在身边作为护身符，以保佑航海安全。比如在《加勒比海盗》中，杰克船长就时刻戴着一枚带来幸运的海蓝宝石戒指。航海家用海蓝宝石祈祷海神保佑航海安全，称其为"福神石"。与海蓝宝石有关的美好传说还有很多，海蓝宝石还有"人鱼之石"和"爱情之石"之称。

图18-2　圣玛利亚海蓝宝石耳饰
刘宇婷供图

　　海蓝宝石属于绿柱石家族，与大名鼎鼎的祖母绿同属于一个家族。海蓝宝石的颜色多为浅蓝色、绿蓝色至蓝绿色。从浅蓝的天空蓝到深蓝的海蓝色，其内部所含微量的铁离子便是这抹蓝色的"造物者"。吉尔德（Guild）宝石实验室将海蓝宝石的颜色分为"Blue""Vivid Blue""Santa Maria Color"三个等级，其中"Santa Maria Color"又称"圣玛利亚蓝"，以海蓝宝石的产出地圣玛利亚迪伊塔比拉命名，是目前珠宝市场上最受追捧的海蓝宝石颜色。

　　作为彩宝新贵，海蓝宝石不仅深受皇家贵族的青睐，还成为珠宝设计师的心头之爱，既高贵又亲民，平凡日子里似乎也多了它的身影。海蓝宝石一直被视为珠宝界中"水一般的少年，风一般的歌"，像一个"深海精灵"，内敛含蓄，却又勇敢无畏，海水般的蓝色驱散了焦虑，过滤了

图18-3　海蓝宝石项链
Olympe Liu设计工作室供图

图18-4　卡地亚海蓝宝石王冠

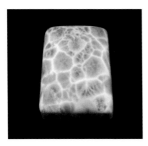

图18-5　海纹石方牌

图18-6　海纹石珠串

浮躁，沉淀了美好。除此之外，还有一种与大海有着妙不可言的缘分的彩色宝石，它就是海纹石，一种含铜的针钠钙石。在浪花飞舞的加勒比海边，不仅有海盗船和杰克船长，还有着怀捧整个大海的海纹石，它有着蓝白相间的水波纹，柔美的肌理仿佛定格了泛波海水，像是大海跨越时间的印记化作了宝石，淡泊清雅，宁静梦幻。

　　大海一望无垠，当阳光倾泻，海面波光粼粼，朵朵浪花送来阵阵清凉，这般美好让世界闪耀着七彩光芒。一望无际的蓝构成了一幅美丽的画卷，很难想象如此美景竟能从石中窥得一二，海蓝宝石和海纹石化作大海的使者，送来了碧波荡漾，传递着海洋气息。

19.你知道《泰坦尼克号》中的 "海洋之心" 是哪种宝石?

《泰坦尼克号》作为一部现象级影片，成了永恒的经典。让观众感慨的，不仅仅是那段无疾而终的爱情，还有那颗女主角Rose毫不迟疑投进深海之中的"海洋之心"。"海洋之心"的原型为Hope蓝钻，可谓价值连城，不少观众看到这么大的一颗蓝钻被扔进大海，唏嘘不已。但实际上这颗"海洋之心"并不是真正的蓝钻，而是有着相似外观的顶级坦桑石。

图19-1　坦桑石原石

2012年，《泰坦尼克号》3D版重映再次获得成功，也将Hope蓝钻的"替身"——坦桑石再次推到了公众面前，在电影中，它那深邃又明亮的蓝犹如穿越了时间隧道，为一对恋人彼此深情的爱搭建了情感桥梁。随着电影的热映，神秘瑰丽的坦桑石也迅速掀起了一股市场热潮。

坦桑石，英文名称为Tanzanite，1960年首次发现于坦桑尼亚阿鲁沙地区的梅勒拉尼。据说，闪电点燃了一场草原大火，火后这种本来同其他石头混杂在一起的、呈褐黄色的矿石变成了蓝色。当地的马赛民族认为，大地是被一道闪电击中而引燃了"上天之神火"，神火把大地中的晶体炙烤成了闪亮的蓝色和紫色宝石，这就是色泽诱人的坦桑石。

图19-2　坦桑石首饰
姜雪冬供图

坦桑石是一种含矾量在0.02%～2%的宝石级黝帘石，颜色摄人心魄，令人印象深刻，其色调从天蓝到湛蓝再到浓烈的蓝紫色，应有尽有。神奇的是，从三个不同方向看，坦桑石会分别呈现出蓝色、紫色和褐黄色三色。经过优质的切工和精细的打磨，坦桑石能呈现出一种浓烈的蓝紫色调，华丽异常，深邃高贵。作为珠宝市场上的新贵宝石，坦桑石以其独特的魅力和美感，迅速赢得了众人的喜爱。1967年，美国纽约蒂芙尼（Tiffany）公司率先将坦桑石展示于全世界面前，赞美它是两千年来发现的最美丽的蓝色宝石。为纪念这种宝石的发现地，即当时新成立的坦桑尼亚联合共和国，珠宝公司副总裁Henry B.Platt将其命名为"坦桑石"，并进行大力推广。当时，贵重的蓝宝石十分稀缺，整个美国市场面临着"蓝色饥荒"，坦桑石的出现让那迷人的蓝色变得不再遥不可及。蒂芙尼公司抓住时机，推出大颗粒、质量上乘、设计考究且价格适中的坦桑石珠宝以平衡蓝宝石的供应不足，完成了一场轰动世界的完美宣传。

坦桑石的发现距今仅60余年，却用其纯正的颜色、纯净的晶体征服了挑剔的珠宝爱好者们，现在坦桑石也被誉为坦桑尼亚的国石，身价不断提高。坦桑石的蓝寓意着新生命、新开始，这一抹魅惑众生的蓝，是大火洗礼后的升华，深刻又耐人寻味。

图19-3 坦桑石胸针

图19-4 坦桑石胸针、刘宇婷供图

图20-1　石榴石原石.於晓晋供图　　图20-2　不同品种的石榴石

20. 石榴石和石榴有关系吗？石榴石有哪些品种？

大家一听到"石榴石"这个名字，就不免想起"石榴"，而它们之间确实有一定关系。石榴石（Garnet），由拉丁文Granatum演变而来，意思是"像种子一样"，石榴这种水果形象地刻画了石榴石鲜润晶莹的颜色、玲珑剔透的外观，再加上石榴石的化学成分复杂，如同石榴籽一般种类繁多，因此最终得以冠名"石榴石"。石榴石除常见的像石榴一样的颜色外，还有橙色、绿色等颜色。

石榴石化学成分较为复杂，根据所含元素不同划分为铝质和钙质两大类质同象系列，并可进一步分为六个主要品种，其中铝质石榴石系列包括镁铝榴石、铁铝榴石、锰铝榴石；钙质石榴石系列包括钙铝榴石、钙铁榴石、钙铬榴石。

镁铝榴石颜色常呈较深的橙红色、红色、紫红色，带紫色调。由于颜色与红宝石相似，被称为"好望角红宝石""亚利桑那红宝石"。

铁铝榴石又称贵榴石，颜色常呈橙红色至红色、紫红色至红紫色，一般带褐色调，色调较暗。

锰铝榴石又称橘榴石，常见橙色至橙红色，没有暗色调的金橘色优质锰铝榴石称为"芬达石"。

钙铝榴石颜色最为丰富，可呈浅至深绿色、浅至深黄色、橙红色及无色等。根

图20-3 镁铝榴石刻面宝石

图20-4 铁铝榴石刻面宝石

图20-5 锰铝榴石刻面宝石安得珠宝供图

图20-6 钙铝榴石刻面宝石

据化学成分的细微差别又可分为铬钒钙铝榴石、铁钙铝榴石、水钙铝榴石等。

钙铁榴石颜色常见黄色、绿色、褐黑色。翠榴石是钙铁榴石含铬的变种，呈深绿色。

图20-7　铬钒钙铝榴石刻面宝石

钙铬榴石呈翠绿色，非常罕见，粒度通常小于3 mm。据报道，截至目前，仅有我国西藏东部可产出粒度较大的钙铬榴石晶体，但产量极少。

石榴，历经了春之柔美、夏之绚烂，在秋日积聚着生命的丰盛。石榴石也是这样，经由地质变迁、时光推移，于天地间绽放出了独特的魅力。

图20-8　翠榴石刻面宝石

图20-9　常见的钙铬榴石晶体
臻艺汇宝培训中心供图

图20-10　西藏东部钙铬榴石晶体

21. 橄榄石为什么被称作"太阳的宝石"和"幸福之石"?

在古希腊神话中,太阳神阿波罗的黄金战车上镶嵌着无数绿色的宝石,威武的战车在天空飞驰时向四周放射无比灿烂的光芒。这种宝石就是橄榄石,后来被埃及人称为"太阳的宝石",象征着和平与美好。古埃及人认为这种闪烁着淡绿色光芒的石头拥有太阳一般的神奇力量,可以驱除邪恶、降妖伏魔,佩戴橄榄石能够消除对黑夜的恐惧,给人带来光明与希望。

橄榄石有着恰似橄榄枝的颜色,绿色的橄榄枝象征和平、美好和幸福,橄榄石也被赋予了同样的寓意。相传地中海中有一个小岛,海盗团伙众多,冲突不断。有一天,海盗们从地下挖掘出大量的绿色宝石,兴奋之情竟然让大家忘记了仇恨,他们在欢呼声中互相拥抱、握手言和,这种绿色的宝石就是橄榄石。古代各部族间发生战争时,人们也常互赠橄榄石,表达"化干戈为玉帛"的祝愿。因此,橄榄石被赞为"幸福之石"。

橄榄石,英文名为Peridot或Olivine,前者直接源于法文Peridot,后者为矿物学英文名称。橄榄石以黄绿色为主,少量为褐绿色、褐色、黄色,多具有玻璃光泽,透明至半透明。放大观察时,常能见到其内部具有"睡莲叶"状包裹体。大多数橄榄石形成于地球深处,是组成上地幔的主要矿物,也是陨石和月岩的主要矿物成分。

橄榄石是一种古老的宝石品种,据古文献记载,古埃及人在3500

图21-1　不同色调的橄榄石

多年前就已经在红海旁边的圣约翰岛发现了橄榄石。当时这个小岛上遍布毒蛇，使橄榄石的开采多次中断。直到古埃及的一位充满智慧的法老将毒蛇驱赶到海洋中后，橄榄石的开采才得以继续进行。因此，该小岛上产出的橄榄石被视为法老才能佩戴的宝石，能够驱除邪恶。

早在公元前2000年，古埃及就已经开始利用橄榄石制作首饰。《出埃及记》中描述的大祭司使用的胸牌，由代表十二部落的十二种宝石组成，橄榄石便是其中的一种。欧洲皇室对橄榄石也十分青睐，奥地利女大公伊莎贝拉的王冠就镶嵌着五颗巨大的橄榄石。时至今日，橄榄石仍以其清澈秀丽、赏心悦目的光泽，象征着和平与幸福的美好意愿，成为珠宝市场上颇受欢迎的宝石品种。

图21-2　卡地亚橄榄石项链

图21-3　弧面橄榄石

图21-4　刻面橄榄石

22. 你知道浪漫柔和的月光石吗?

　　一抹月光洒向大地，如流水般倾泻，把原野变成了银色的海洋，给大树披上了银色的缎带。月亮洒下柔和的光，在人间留下美妙的遐想。如此美景寄存到宝石中，就有了凝结月光的"月光石"。月光石在印度神话里是由月光凝结而成的石头，而在古希腊、古罗马神话中，这种宝石是月神赐给人类的礼物，如果在月圆之夜佩戴月光石，能遇到好的情人，给人带来美好如月光般的浪漫爱情。因此，月光石被称为"情人石"，是友谊和爱情的象征，是送给至爱的最佳礼物。月光石神秘而柔和，300多年前，她安静地被收藏在印度莫卧儿王朝的阿克巴大帝与他挚爱的珠妲公主的首饰中，那月亮光芒般的气息引来无数恋人的目光。

　　月光石属于长石族矿物这个大家族，它同时含有两种长石——正长石和钠长石。两种长石交互生长形成了互相平行交错的结构，使得光线进入宝石内部会同时发生散射和干涉，从而在宝石表面形成一层蓝白色的光晕，这就产生了月光效应。

　　月光石底色除了无色透明的白色，还有黄色、绿色或者暗褐色，依其月光晕彩的颜色主要可分为蓝月光、黄月光和白色月光，随月光石层理构造的长石矿物不

图22-1　蓝月光裸石

053

同而有所差异。蓝月光是月光石中的佼佼者，透明的底色略带蓝色晕彩，宛如月光，梦幻神秘。

图22-2　月光石胸针
司雨珠宝工作室供图

月光石受到了众多设计师的喜爱，越来越多地被作为配石运用到首饰设计中，其淡淡的蓝色晕彩发出柔和的光，不剥夺主石的光芒，却又给设计增添了不一样的风采，与主石相得益彰。

月光石拥有的独特蓝色光晕，唯美梦幻，留住了月光，惊艳了时光，它是设计师的灵感之泉，也是我们的心头所爱。

图22-3　锆石配月光石
沙弗莱项坠

23. 你知道水晶有多少品种吗?

水晶是家喻户晓的宝石品种,化学成分为二氧化硅,其矿物名称为石英,英文名称为Rock Crystal,希腊人称其为Krystllos,意思是"洁白的水"。水晶因其纯净、透明、坚硬的特性,而被认为是心地纯洁、坚贞不屈的象征。水晶的品类丰富,宝石学中通常按其颜色、内部包裹体特征或特殊光学效应对其进行分类。

(1)按颜色分类:纯净二氧化硅晶体是无色透明的,市场中常将透明的无色水晶简称为"水晶"。若水晶晶体结构内含有铝、铁等微量元素或存在晶体缺陷时则会呈现出不同的颜色,如紫晶、黄晶、烟晶、粉晶、双色水晶等,其中粉晶也称为芙蓉石,双色水晶多为紫色和黄色(市场上也称"紫黄晶")。

图23-1 水晶

图23-2 紫晶

图23-3 黄晶

图23-4 烟晶

图23-5 粉晶

图23-6 双色水晶
安得珠宝供图

（2）按包裹体分类：水晶不仅具有多样的颜色，其内部往往还含有丰富的包裹体，如错落有致的负晶、丰富的流体包裹体和固态包裹体等。水晶中常见的包裹体有金红石、电气石、阳起石、绿泥石、液态包裹体、针铁矿、黄铁矿等，可以形成金发晶、黑发晶、绿发晶、绿幽灵水晶、水胆水晶、草莓水晶等品种。若水

图23-7 绿幽灵水晶
中国地质大学（北京）
博物馆藏

图23-8 金发晶

图23-9 黑发晶、龚霞供图

图23-10 水胆水晶
龚霞供图

图23-11 草莓水晶

图23-12 红兔毛

图23-13　石英猫眼

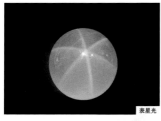

表星光

透星光

图23-14　星光芙蓉石

晶内存在细小绒毛状包裹体，则可称其为"兔毛"，如"红兔毛""绿兔毛"等。

（3）按特殊光学效应分类：水晶按其特殊光学效应可分为石英猫眼和星光水晶。当水晶中含有一组平行排列的纤维状包裹体如石棉纤维时，其弧面形宝石表面可显示猫眼效应，称为石英猫眼；而当水晶中含有两组以上定向排列的针状、纤维状包体时，其弧面形宝石表面可见星光效应，称为星光水晶。值得说明的是，星光芙蓉石不仅能够经过光的反射呈现六射星光（可称为"表星光"），还能在光透过宝石时，出现透射六射星光（被称为"透射星光"）。

水晶的种类繁多，它经历了地球千万年的淬炼，晶莹剔透，绚丽通透，是大自然馈赠给人类的宝物，蕴藏着天地间的灵秀之气，其莹如水，其坚如玉。

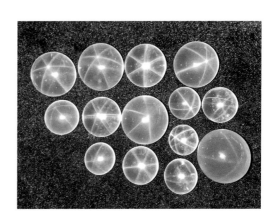

图23-15　星光芙蓉石

24. 水晶真的有所谓的"特殊功效"吗？

在好莱坞大片中涉及魔法时，水晶球总是有颇高的出场率，尤其是在预测未来时，占卜师凝视着水晶球，慢慢在水晶球上施加魔力，就能在水晶球中若隐若现地看到未来的场景。人们认为水晶球可以吸收来自四面八方的光，相信晶莹剔透的水晶球内部一定具有某种神秘莫测的力量，占卜师能在这些折射的光中看到未来的神迹。水晶真的有如此神奇的魔力吗？

古代称水晶为"水精"，人们认为水晶是由冰变化而来的。古人认为水晶有着神奇魔力，它块度大、纯净度高，能够制作可透视的水晶球，这是其他宝石无法比拟的。因此，人们认为水晶有着不同于其他宝石的神秘力量，实则不然，现代科学证明，水晶实际上就是自然界千百年来孕育而成的二氧化硅矿物晶体。众所周知，地壳含量最高的元素为氧，其次为硅，因此水晶能够在自然界广泛分布并以较大块度出现。除此之外，水晶还有丰富的内含物，也为人们增加了更多的想象空间。因此，人们针对水晶的不同品种，人为地赋予了美好的寓意和祈望。

水晶洞一直都被赋予招财和聚财的寓意，尤其是形似聚宝盆或钱袋子的晶洞，

图24-1　紫晶洞

图24-2　绿幽灵手串

图24-3 黄晶项链
安得珠宝供图

图24-4 发晶项坠（包裹体
方向一致），龚霞供图

图24-5 发晶手串（包裹体
方向各异），龚霞供图

人们认为摆放在屋中有招财聚气镇宅的功效。除了水晶洞，绿幽灵、黄晶、金发晶等品种也是如此：绿幽灵水晶中内含物形成盆状者，多被人们认为能聚宝增财。黄晶更是被冠以"商人之石"和"财富之石"的名号，有人认为佩戴黄晶可以吸引个人财运，事业蓬勃。金发晶中的包裹体（常为金红石）在阳光照耀下更加璀璨，当金红石包裹体的排列方向一致时，被认为有"顺发"之意；而当金红石发丝排列方向各异时，则有"四面八方发达"之说。

被传有招桃花功效的水晶品种为粉晶和草莓晶。粉晶又被称为蔷薇水晶，有着"爱情水晶"的美誉。因为粉晶的化学成分中有锰、钛这两种元素，所以会呈现出迷人的粉红色；当水晶中含有大量针状、点状棕红色、橙红色的纤铁矿包裹体时，其外观就像一颗粉嫩的水果草莓，"草莓晶"因此得名。粉色甜蜜，代表爱意满满，粉晶和草莓晶色泽温润柔和，给人以温柔恬静之感。

水晶除了能够在心理上带给人们美好的祈愿外，还有着实实在在的用途。人们认为水晶与众不同，除却外观和内含物的原因，或许也与水晶具有不同于其他宝石的特殊性能——"压电性"有关。所谓"压电性"，即宝石晶体受到压力后，晶体两端能够产生电荷。现代科学技术证明，利用水晶的"压电性"，可以制造谐振器、滤波器，水晶能够广泛应用于超音速飞机、导弹、电子显微镜、电子计算机以及人造地球卫星等领域的导航、信号传输等诸多方面。纯净的水晶还是很好的光学材料，能够制成透镜、棱镜、光谱仪等光学仪器。此外，水晶还被广泛应用于医学领域和日常生活，如用水晶制作医药器皿、眼镜片等，在一定程度上推动了人类科学的发展和生活的进步。

水晶似乎有着神奇的魔力，能够从物质和心理两方面影响着我们的生活。不同的水晶中蕴藏着不同的美丽，同时也被赋予了不同的寓意，承载着人们的美好期望。人们常常把水晶比作少女的眼泪、夏夜天空的繁星和圣人智慧的结晶，将象征希望的神话故事寄托于其上，它美好且神秘，包含着世间万般精彩。

图24-6 粉晶

图24-7 草莓晶，龚霞供图

25. 翡翠的名称是怎么来的？翡翠都有哪些颜色？

图25-1 绿色翡翠链牌

图25-2 绿色翡翠方形挂件绿丝带供图

图25-3 紫罗兰色翡翠戒指

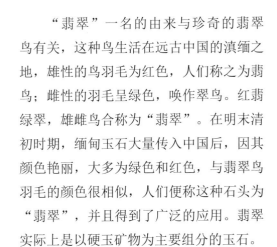

"翡翠"一名的由来与珍奇的翡翠鸟有关，这种鸟生活在远古中国的滇缅之地，雄性的鸟羽毛为红色，人们称之为翡鸟；雌性的羽毛呈绿色，唤作翠鸟。红翡绿翠，雄雌鸟合称为"翡翠"。在明末清初时期，缅甸玉石大量传入中国后，因其颜色艳丽，大多为绿色和红色，与翡翠鸟羽毛的颜色很相似，人们便称这种石头为"翡翠"，并且得到了广泛的应用。翡翠实际上是以硬玉矿物为主要组分的玉石。

提及翡翠，多数人脑海中会浮现出绿色玉石的画面。的确，绿色几乎是翡翠的代表色，是国民熟知度最高的翡翠颜色，也是最受追捧的一种颜色。翡翠的绿色种类繁多，既有色调之分，也有深浅之别，可有宝石绿、翠绿、阳俏绿、黄杨绿等各种绿色。在传统观念中，绿色不仅代表着活力和生命，更给人一种清透舒爽、娇嫩欲滴之感，所以绿色的翡翠最受欢迎。

然而，翡翠并非只有绿色。俗话说，翡翠有"三十六水，七十二种，一百零八色"，足以说明其色彩之丰富。除了绿色，翡翠还有紫色、红色、黄色、无色、白色、黑色以及组合色等，不同的颜色各具不同的韵味。

图25-4 红翡吊坠　　　图25-5 黄翡龙牌　　　图25-6 白色翡翠竹节杯
冯秋桂供图　　　　　张毓洪供图

图25-7 无色翡翠平安扣　　图25-8 黑色翡翠吊坠
忆翡翠供图

　　翡翠中的紫色在行业中又称为"春色"，具体可分为皇家紫、红紫、蓝紫、紫罗兰、粉紫色、灰紫色等。

　　翡翠中的黄色与红色可合称为翡色，也是翡翠中较为常见的颜色品种。

　　无色和白色翡翠一般由纯度较高的硬玉矿物组成。无色翡翠结构细腻，透明度较好；白色翡翠结构较粗，透明度欠佳。

　　黑色翡翠有两种，一种是自然光下为黑色，透射光照射呈现深墨绿色或深蓝绿色的墨翠；另一种是乌鸡黑色，在透射光下呈深灰色，整体不透明，被称为"乌鸡种"。

　　此外，同时具有多种颜色的组合色翡翠为玉雕大师提供了无数的创作灵感，俏色巧用，巧夺天工。

图25-9 翡翠白菜

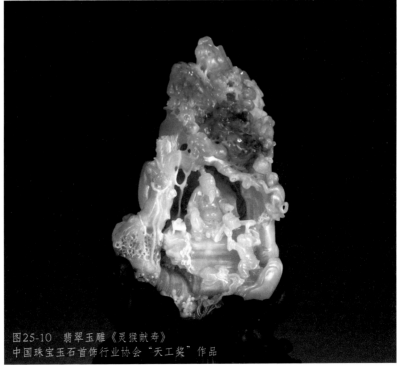

图25-10 翡翠玉雕《灵猴献寿》
中国珠宝玉石首饰行业协会"天工奖"作品

26. 什么是和田玉？和田玉只有白色吗？

巍巍昆仑山脉间，有一玉石，吸日月之精华，汇天地之灵气，可谓玉中之精灵，它是大自然对人类美好的馈赠，是中华民族上下五千年文化的载体，更是博大精深东方文明的化身，这便是和田玉。

和田玉，英文名称Nephrite，矿物名称为软玉，是以透闪石、阳起石为主要成分的矿物集合体。和田玉的质地细腻，以微透明为多，极少数为半透明，多呈油脂光泽。由于和田玉在历朝历代的应用中多为白色，所以在人们心目中，和田玉就是白玉，其实不然，和田玉颜色多样，并非只有白色。依据外观颜色的差别，可以将和田玉分为白玉、青玉、青白玉、碧玉、墨玉、黄玉、糖玉、青花玉等。

白色的和田玉称为白玉。白玉的颜色柔和均匀，有时可带少量糖色，称为糖白玉。品质最好的白玉为"羊脂白玉"，呈脂白色，质地细腻，光洁坚韧，光泽温润如脂，有"白玉之冠"之称。

中等至深色调的青色和田玉为青玉，有时可带少量糖色或黑色皮。青玉在软玉中产量最大，常见大块玉料。

图26-1　羊脂白玉摆件《若水》
范同生作品、文同轩供图

图26-2　糖白玉摆件
《山鬼》
董春玉作品，赵何膺摄影

图26-3 青玉雕件《角》
马洪伟作品
玉韵春秋工作室供图

图26-4 青白玉牌

青白玉的颜色以白色为基础色，介于白玉与青玉之间，为均匀的青白、灰白色。有的青白玉带少量糖色，称为糖青白玉。

碧玉的颜色呈碧绿至绿色，常见菠菜绿、灰绿、黄绿、暗绿、墨绿等。碧玉颜色较柔和均匀，常含有黑色点状矿物。

墨玉的颜色多为灰黑色至黑色，其黑色是由玉中含有的细微石墨鳞片所致，墨色多呈叶片状、条带状聚集，可夹杂少量白或灰白色。墨玉颜色多不均匀，若墨色中带有黄铁矿细粒，呈星点状分布，俗称"金星墨玉"。

绿黄、浅黄至黄色的和田玉，称为黄玉。黄玉颜色柔和均匀，市场上常根据黄色色调或产地的不同，称为"栗子黄""鸡油黄""若羌黄""黄口料"等。

图26-5 碧玉龙凤套杯
杨文双作品

图26-6 墨玉挂件
章雷玉雕工作室供图

糖玉因色似红糖而得名，颜色多呈黄褐至褐色，可为黄色、褐黄色、红色、褐红色等。一般情况下，糖色多在玉石的表皮位置，糖色少者被称为"糖白玉""糖青白玉"等，如果糖色占到整件样品80％以上时，可直接称之为糖玉。

青花玉的基础色为白色、青白色或青色，常夹杂点状、叶片状、条带状、云朵状聚集的黑色，颜色不均匀。

和田玉有厚重的美感，颜色也十分诱人。白玉色白如脂，黄玉嫩黄如油，青玉优雅迷人，墨玉如诗如画。和田玉既有单一色，也有过渡色，颜色之丰富堪称一绝。单一色温和凝重，过渡色也有重合与层次之美，如古画般意境悠远。和田玉历经沧桑呈现出的美，惊艳众人，艳羡世间。

图26-7 黄玉观音牌

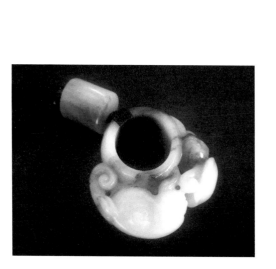

图26-8 糖玉兽面佩、张清雷作品

图26-9 青花玉手把件

27. 你了解岫玉吗？

岫玉是中华宝玉石大家族中的重要成员，是除翡翠、和田玉外，另一个被人们广而熟知的玉石品种，更因其产量大、历史悠久而享有"亲民贵族"的盛誉。岫玉是产于辽宁岫岩的蛇纹石玉，但其实，蛇纹石玉是一个大类，岫玉只是蛇纹石玉中的一个品种。蛇纹石玉是指以蛇纹石为主要组成矿物的玉石，由纤维状、叶片状或隐晶质状的蛇纹石集合而成，常常还含少量白云石、方解石、滑石等矿物，其颜色以绿色为基调，深浅都有，如深绿、翠绿、苹果绿，还有白色、褐色、橙红及灰色等，色泽美丽，常呈特征性的蜡状光泽，多为亚透明或半透明。

岫玉产量大，块度也大，辽宁岫岩的山脚、路边似乎随处可见林立的岫玉原石，较大者甚至有几人之高。2019年10月，世界上最大的万里长城主题玉雕在辽宁雨桐玉文化博物馆亮相。这座"玉长城"的原石就是一块单体重达118.57吨的岫玉，经孙立国大师玉雕技师团队耗时14个月完成。如此巨大的产量和块度，是其他玉石品种无法匹及的。

除此之外，岫玉历史悠久，有着色泽美丽、质地细腻、气质高贵的特质，它的美是一种浑然天成的美。我们所熟知的红山文化的"C形龙"即为岫玉材质，它是中华民族文明起源和龙的传人的重要物证。除此之外，历代留下的岫玉文物十分丰富：夏商周时期的"玉

图27-1　岫玉大型玉雕
《玉长城》
雨桐玉文化博物馆藏
佟少强供图

跪人"，战国时期的"兽形玉"，秦汉时期的"玉辟邪"，东晋时期的"龙头龟钮玉印"，南北朝时期的"兽形玉镇"，唐宋时期的"兽首形玉杯"，元代的"玉贯耳盖瓶"，明代的"龙头玉杯"，清代的"哪吒玉仙"……岫玉那黄绿色泽，或沉稳厚重，或晶莹闪烁，与其承载的文化内涵相得益彰。

带着历史的光芒，耳熟能详的岫玉在玉石市场中闪闪发光，备受人们喜爱。如今，岫玉仍有着很高的市场流通度，主要的岫玉制品可分为摆件、首饰和实用器具三大类，并以摆件最为常见，题材多为山子、动物、植物等。近年来，年轻一代的玉雕大师们集思广益，开拓创新，借鉴西方雕塑技艺，并与中国传统玉雕工艺有机结合，因材施艺、割脏去绺、化瑕为瑜、俏色巧用，创作出了新时代岫玉崭新的艺术精品，形成了一种融合南北文化和工艺特点的雄浑、大气、豪放又不失细腻、玲珑、精致的独特风格，将当代岫玉雕刻艺术提升至一个新的高度。

由于岫玉应用历史悠久，产量居于我国首位，并应用广泛，价格适宜，是其他玉石品种无法匹及的，因此岫玉被尊为"中国蛇纹石玉之冠"，成为我国蛇纹石玉的代名词，"亲民贵族"的称号可谓名副其实。

需要说明的是，蛇纹石玉在世界范围内分布非常广泛，仅我国就有辽宁省、山东省、甘肃省、广东省、吉林省、青海省、河北省、

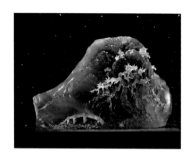

图27-2　岫玉山子《松之古韵》
唐帅作品、唐帅艺术馆供图

图27-3　岫玉雕件《辣椒》
唐帅作品、唐帅艺术馆供图

图27-4 岫玉玉枕
朱峰供图

图27-5 岫玉雕件"净香"
唐帅作品，孔华供图

广西壮族自治区、河南省、安徽省、江西省、四川省、台湾地区和北京市等十多个地区产出，我国常根据不同产地将其命名为岫玉、泰山玉、祁连玉、信宜玉、安绿玉、鸳鸯玉、营口玉、昆岫玉、承德玉、台湾岫玉等。其中，祁连玉以"葡萄美酒夜光杯"而广为人知；信宜玉是我国南方重要的蛇纹石玉品种（又称"南方玉""信宜南玉"），香港回归时，广东人民赠送给香港同胞的南玉作品"一帆风顺"龙船，象征着中国巨龙腾飞，享誉全国。另外，近些年来，泰山玉在玉石市场较为火爆，泰山碧玉首饰有着浓郁的色彩、亮丽的光泽和较为细腻的质地，好似油青色翡翠，深受人们喜爱。除我国外，国外也有蛇纹石玉产出，如"朝鲜玉"（又称高丽玉）、新西兰的"鲍文玉"、美国宾州的"威廉玉"和墨西哥的"雷科石"等。

图27-6 祁连玉高脚杯
齐瑞荣供图

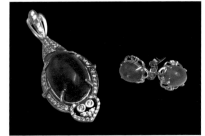

图27-7 泰山碧玉首饰

28. 绿松石一定是绿色的吗？

相传，九州裂，天地灭，女娲炼七彩石以补苍天，使万物重获生机，据说这七彩石中便有绿松石。绿松石是古老宝石之一，有着几千年的灿烂历史，深受古今中外人士，特别是美国西部人民及我国藏传佛教徒所喜爱，在我国清代也被称为"天国宝石"。绿松石被视为吉祥幸福的圣物，有"成功之石"的美誉，常被用来制作首饰和摆件。

图28-1　绿松石原石

绿松石的英文名称为Turquoise，源于法语Pierreturqoise，意思是"土耳其石"。绿松石被冠以"土耳其石"，是因为古代波斯出产的绿松石最初是途经土耳其运往欧洲。绿松石因其形似松球，色近松绿而得名。虽然名字中有个"绿"字，但其实并非所有的绿松石都是绿色的，根据颜色不同可分为蓝色、绿色和杂色三大类，其中，蓝色包括蔚蓝和蓝，绿色包括深蓝绿、灰蓝绿、绿、浅绿以至黄绿，杂色有黄色、土黄色、月白色和灰白色等。需要特别注意的是，绿松石中常见有呈网状分布的黑色细脉，使蓝色或绿色绿松石呈现黑色龟背纹、网纹或脉状纹，这样的绿松石品种被称为铁线绿松石。

图28-2　绿松石项坠
Olympe Liu设计工作室供图

为提高绿松石的销量，商贸交易时商人们也会依据绿松石的颜色分布不同划分

图28-3　绿松石摆件

图28-4　不同色调的绿松石珠串

图28-5　菜籽黄绿松石

出一些绿松石的特殊品种，如："菜籽黄绿松石"，颜色多为油绿色，可带有黄色调，在一众蓝色系的绿松石中极具特色；"乌兰花绿松石"是具有一定美观度的铁线绿松石。"乌兰花绿松石"美在花纹，铁线如蛛网般紧密交织，走向呈各种花式纹路，极具美感，比纯净的绿松石更加耐看。

除按颜色进行分类命名外，不同质地的绿松石也有着不一样的名称。硬度较高的绿松石色泽艳丽、质地细腻、坚韧光

图28-6　乌兰花绿松石勒子

图28-7　瓷松

图28-8　硬松

洁，因其抛光后的光泽质感与瓷器相似，故名"瓷松"；"硬松"的颜色从蓝绿到豆绿色，有着蜡状或油脂般的光泽，质地较细腻，硬度略低于瓷松；"泡松"又称"面松"，呈淡蓝色到月白色，光泽差，似土状，硬度较低，软而疏松，多不能直接用于珠宝首饰，后期经优化处理，硬度可改善。

图28-9　泡松

　　绿松石是一种公认的美丽宝石，在世界范围内均有产出。我国绿松石主要产自湖北郧阳区、安徽马鞍山、陕西白河、河南淅川、新疆哈密、青海乌兰等地，其中以湖北、安徽所产最为出名。目前我国市场中大部分绿松石成品均来自湖北和安徽。除中国外，伊朗、美国、墨西哥、阿富汗、印度、俄罗斯等国家也有绿松石产出。珠宝市场中有名的"睡美人绿松石"就产于美国亚利桑那州的睡美人矿区，以纯净的知更鸟蛋般的蓝色闻名于世，无铁线，无杂质，清亮干净，完美无瑕，令人惊艳。

图28-10　"睡美人绿松石"项链
Olympe Liu设计工作室供图

29. 你知道被称为"南阳翡翠"的玉石是什么吗？

四季缤纷多彩，世界五颜六色，红、黄、蓝、绿、青……组成一幅巨大的美丽画卷，勾画着动人美景，而这万千美景同样存在于美丽的玉石中。

我国河南南阳盛产一种玉石，品种多样、绚丽多彩，其颜色丰富度可媲美翡翠，有"南阳翡翠"之誉，它就是"独山玉"，是我国特有玉种之一，因产于河南南阳的独山而得名，又被称为"独玉""南阳玉"。

独山玉是一种黝帘石化斜长岩，主要矿物成分是斜长石和黝帘石，并含有少量铬云母和透辉石等。独山玉色泽鲜艳，质地细腻，透明度和光泽好，硬度高（摩氏硬度为6～7）。它的色彩丰富，颜色分布不均，往往在同一块玉石上出现绿色、白色或粉色、黄色、黑色并存的现象，这主要与玉石中不同的矿物组合有关，也是独山玉最主要的特征。

图29-1　独山玉摆件、侯庆军作品

独山玉的历史可以追溯到新石器时代（以南阳黄山遗址出土的玉铲为证），它与中原文化相伴而生，见证了中原文化的千秋风雨。玉雕大师们利用独山玉多色的特征，继承中国传统文化，结合新时代人民生活中的点点滴滴，创作出了富有鲜明时代风格的俏色艺术玉雕作品。如今，美妙绝伦的独山玉作品推陈出新，珍品迭出，不仅在当代中国玉雕艺术的格局中独踞一方，还被制作成玉牌、手镯等日常佩戴的首饰，受到了广大消费者和收藏家的青睐。

多彩的颜色、温润的质地、丰富的内涵、独特的工艺，匠人将千秋百载之间中原人的质朴、坚韧与乐观在如此有特色的独山玉上刻画得淋漓尽致。

图29-2　独山玉手镯

图29-3　独山玉玉牌《醉荷》
玉神工艺供图

图29-4　独山玉俏色玉雕《起航》
玉神工艺供图

30. 什么是玛瑙？玛瑙有多少品种？

玛瑙是已知最古老的玉石之一，其历史源远流长，早在新石器时代人们就已使用玛瑙制品。我国汉代以前称玛瑙为"琼""赤琼""赤玉""琼瑶"。佛经传入中国后，梵语称玛瑙为"阿斯玛加波"，即马脑，至此，"玛瑙"之名流传至今。《本草纲目》亦曾云："马脑（玛瑙）赤烂红色，似马之脑，故名。"古苏美尔、古希腊以及古罗马流行使用玛瑙作为护身符、容器及装饰品。玛瑙还是《圣经》中记载的"火之石"之一（《旧约》）。

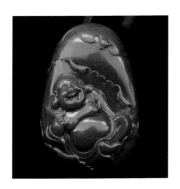

图30-1 南红玛瑙雕件

玛瑙（Agate）属于隐晶石英质玉石家族，在国家标准《珠宝玉石鉴定》（GB/T 16553-2017）中，玛瑙的定义是指透明至不透明，具有同心层状、环带或者条带的隐晶质石英集合体，可含有少量的赤铁矿、针铁矿、绿泥石、云母等矿物。玛瑙的种类丰富，主要依据颜色、杂质、包裹体等进行划分。

图30-2 北红玛瑙斧形佩 王振峰作品，北红源供图

（1）按颜色分：玛瑙颜色多样，有白色、红色、绿色、蓝色、紫色和黑色等。其中，红玛瑙呈较浅的褐红色、橙红色，较为著名的有南红玛瑙和北红玛瑙；绿玛瑙在自然界中较少见，市场中多为

图30-3 染色绿玛瑙手镯

染色品；蓝玛瑙多为蓝、灰蓝、紫蓝色，在我国内蒙古呼伦贝尔地区有产出；紫玛瑙颜色较为均匀，我国山西大同产出的大同紫玉即为紫玛瑙，颜色既可浓艳深沉，也可清新靓丽。

（2）按条带分：在玛瑙家族中，有一类玛瑙带有天然的漂亮条带，能够形成非常美丽的图案，缟玛瑙和战国红玛瑙就是其中的佼佼者。缟玛瑙亦称"条纹玛瑙"，常见黑、白或红、白条纹相间排布，分别可称为黑白缟玛瑙和红白缟玛瑙。条带十分细窄的缟玛瑙，又称为"缠丝玛瑙"，以色带细如游丝、变化丰富为特点；战国红玛瑙有着红、黄相间的条带，质地温润，形态多样，红黄至尊，颇具王者风范。目前，我国战国红玛瑙的著名产地有辽宁北票以及河北宣化。

图30-4　呼伦贝尔蓝玛瑙吊坠

图30-5　大同紫玉戒指

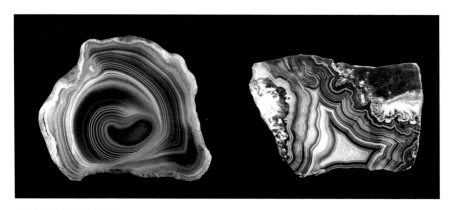

图30-6　缟玛瑙原石

图30-7　辽宁北票战国红玛瑙印章

图30-8　水草玛瑙手镯

（3）按包裹体分：按包裹体可将玛瑙分为苔纹玛瑙、火玛瑙和水胆玛瑙三大类。苔纹玛瑙是一种含苔藓状、树枝状包裹体的玛瑙，又称"苔藓玛瑙"。苔纹玛瑙体色多为白、灰白、淡灰蓝、黄色，内含物多为绿色的绿泥石鳞片、阳起石纤维及黑、褐色铁锰氧化物树枝晶。其中，内含物状如流水中飘逸的水草的也称"水草玛瑙"；火玛瑙的体色通常为橙色，在光的照射下，能够产生五颜六色的晕彩；水胆玛瑙是指在封闭的玛瑙晶洞中包裹有天然液体（如水或油）的一类玛瑙品种，其水胆肉眼可见，汩汩有声。

玛瑙是珠宝市场上最常见的玉石品种之一，种类繁多，它不仅拥有悠久的历史和广泛的产地，还具有千变万化的外观，故有"千样玛瑙万种玉"之说。

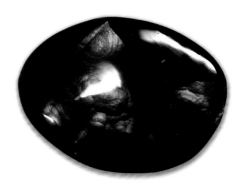

图30-9　火玛瑙原石

31. "色相如天"描述的是哪种玉石?

1921年,中国地质学家章鸿钊先生出版《石雅》,其中记录:"青金石色相如天,或复金屑散乱,光辉灿烂,若众星丽于天也。""色相如天"描述的就是青金石。青金石的颜色蔚蓝,一如那沉静的天空,金黄色的黄铁矿点缀其中,宛若夜空中点点星光,熠熠生辉。

青金石最早的使用历史可以追溯到公元前7000多年前,在阿富汗首次出现,当时的人们就发现了青金石的黛蓝之美,并将其视为地位的象征。被誉为"稀世珍宝"的埃及法老图坦卡蒙黄金面具,上面就镶嵌着大量的青金石。到今天,青金石已是一些阿拉伯国家的瑰宝,也是阿富汗、智利、玻利维亚等国家的"国石"。虽然我国尚未发现青金石产地,但据《尚书·禹贡》记录,我国使用青金石的历史最早可追溯到夏代,许多汉代至清朝的遗迹中出现过青金石,学者认为青金石是通过丝绸之路流通到我国境内,成了皇家和佛家使用的宝石。《清会典图考》中记载:"皇帝朝珠杂饰,唯天坛用青金石,地坛用琥珀,日坛用珊瑚,月坛用绿松石。"明清时期的皇帝祭天仪式,需按照礼制要求佩戴青金石朝珠,以此向上天祈

图31-1 青金石方形挂件

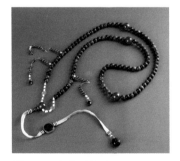

图31-2 青金石朝珠

图31-3 卡地亚青金石手环

愿风调雨顺。

此外，"色相如天"的青金石不仅自古以来被大量地雕琢为饰品，也被人们磨成粉末用作颜料。这蔚蓝的颜色在古时没有任何人工颜色可以替代，并且不易氧化，古人将青金石磨成的颜料称为"群青"，敦煌莫高窟里北魏至元代时期的壁画中都有用到。

透着中西方千年历史的痕迹，也见证了朝代的浮沉起落，青金石以其特有的颜色和质地带给我们浓厚、肃穆、高贵的感觉。不论它们以何种造型出现，这饱满的蓝色都能绘出一片油画般的美丽风景。

32. 你认识"蓝天下的精灵"天河石吗？

传说南美洲"亚马逊女战士"曾拥有一种神奇的宝石，它具有强大的能量，不仅可以增强人的体力，还具有治愈伤痛的能力，这种宝石就是天河石。天河石又称"亚马逊石"，是英文Amazonite的音译，所以也有天河石最早被发现于亚马孙河流域的传言。天河石是有名的好运之石，带着一抹沁人心脾的蓝色，似蓝天下的精灵，给人们送来好运和信心。

天河石来自地壳中最常见的长石矿物家族。长石族矿物是自然界中最普遍的造岩矿物之一，分布极广，但可作为宝玉石者并不多。宝石级长石族矿物品种主要有月光石、拉长石、日光石、天河石等。月光石、拉长石和日光石多以其美丽的特殊光学效应，吸引着人们的目光，而天河石则以其如天空般清澈透亮的蓝色，从长石族矿物中脱颖而出。

图32-1　天河石裸石

优质天河石主要产于莫桑比克、秘鲁、巴西、美国、加拿大等地，以蓝色纯正、色美质透且净度高者为上品，蓝色稍带绿色者次之。除了作首饰外，大块带围岩的原石也可直接用作矿物标本。

天河石本是矿物中的普通一员，凭着出众的色彩、灵异的传说及神奇的"功能"，获得了人们的垂青。一块玲珑的天河石，宛若一湾澄澈湖水，带着晴日碧波的朗润，如梦似幻，灵境空明。

图32-2　天河石矿物标本

图32-3　天河石手镯

图32-4　天河石项链和手串

33. 你了解如孔雀羽毛般美丽的孔雀石吗？

图33-1 宋·孔雀石珠串
云南省博物馆藏

每每走进动物园，总会被"鸟中之王"——孔雀吸引，碧纱宫扇般的羽毛如同一朵绮丽的绿色云朵，五彩洒金，惊艳众人。孔雀在中国寓意吉祥如意、白头偕老、前程似锦，于世界艺术、传说、文学和宗教上也久负盛名。自然界中恰巧有一种矿石，同样享有"孔雀"的美名，那就是"孔雀石"，因颜色和花纹酷似孔雀尾羽而得名。

孔雀石，英文名称Malachite，来源于希腊语Mallache，意思是"绿色"，中国古代也称孔雀石为"绿青""石绿""青琅玕"。关于孔雀石有很多神秘传说，在不同的国度蕴含着不一样的意义。早在几千年前，古埃及人曾经将其尊称为"神石"，并认为它具有驱除邪恶的作用，所以将其作为护身符使用。他们认为在儿童的摇篮上挂一块孔雀石，一切邪恶的灵魂都将被驱除；在德国，人们认为佩戴孔雀石的人可以避免死亡的威胁，其实从根本上说也是护身符的作用；在古罗马人的观念中，孔雀石拥有神秘的力量，可以驱除邪恶，保卫平安；俄罗斯人把孔雀石用作建筑物内部装饰材料，圣彼得堡的圣依萨克大教堂的大圆柱上就镶嵌着孔

图33-2 清·孔雀石鼻烟壶
故宫博物院藏

雀石；在我国古代，孔雀石代表着吉祥如意，被做成各种首饰及陈设用品，价值不菲。公元前13世纪的商代，已有孔雀石石簪工艺品，由于它具有鲜艳的微蓝绿色，因而成为矿物中最吸引人的装饰材料之一。

孔雀石是一种古老的玉料。孔雀石颜色常见翠绿、暗绿、墨绿、碧绿等，有着条纹状、放射状、同心环状的花纹，多以块状、钟乳状、结核状或者葡萄状的形式互相组合，呈现出各种造型独特的样子。世界著名的孔雀石产地有赞比亚、澳大利亚、纳米比亚、俄罗斯、扎伊尔、美国等地区，我国也有广泛产出。我国宝石级孔雀石主要分布在广东省阳春市、湖北省大冶市及北京市延庆区，尤以广东省阳春市石簍铜铁矿产出的绒毛状孔雀石及湖北省大冶市铜绿山产出的皮壳状孔雀石最优。还有云

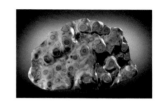

图33-3　块状孔雀石

图33-4　钟乳状孔雀石

图33-5　湖北大冶孔雀石

图33-6　清·孔雀石盘
故宫博物院藏

图33-7 孔雀石观赏石、龚霞供图 图33-8 孔雀石印章

南省、江西省、安徽省、陕西省、河南省、广西壮族自治区、四川省、湖南省、贵州省以及台湾地区金瓜石矿山等地，也发现有少量宝石级孔雀石矿。

孔雀石有着鲜艳的颜色和特殊的纹理，可以当作天然的观赏石，一些具有一定厚度的孔雀石也可以制作成富有个性的印章。现代首饰材料中也常常出现孔雀石，孔雀石吊坠、戒面、项链、手串等，受到不少人的追捧。

"芳情雀艳若翠仙"，有着雀羽色彩的孔雀石端庄典雅、含蓄闪亮，千姿百态之"形"伴以高级多样的"纹"，成就了一番天成韵味，也为这青绿嶙峋增添了别样魅力。

图33-9 孔雀石项链

34. 汉白玉属于什么玉种？

"雕栏玉砌应犹在，只是朱颜改"，南唐后主李煜的《虞美人》中这玉砌的栏杆便是汉白玉材质的。汉白玉，正如它的名字一样，洁白无瑕，如同美玉。它虽然没有和田玉、翡翠等玉石那般贵重，但是却在我国宫廷建筑和雕刻艺术中扮演着重要的角色。玉砌台阶、玉雕护栏，如此被广泛使用的"汉白玉"究竟属于什么玉种？

汉白玉属于碳酸盐质玉，是一种纯白色的大理岩，但并不是所有白色大理岩都能称之为汉白玉。只有质量上乘、色泽美的白色大理石才可称为汉白玉。与传统的玉石品种翡翠、和田玉不同，以汉白玉为代表的碳酸盐质玉种产量大、产地多，故而价格相对较低，广受大众喜爱，是物美价廉的玉种。

汉白玉因其纯天然、色泽美的特质，在我国古代常运用于建筑中。明清时期，皇室就开始大量采用汉白玉作为故宫建筑材料，至今仍然是北京一道亮丽的风景线。故宫每天都吸引着数以万计的游客前来观光，除了红墙金瓦的建筑外，那华丽的栏杆、台阶以及云龙石雕也是吸引游客逗留的风景。无论是故宫的三大殿、乾清门，还是天坛的祈年殿、皇穹宇，又或是颐和园的十七孔桥、玉带桥，都是用汉白玉或主要由汉白玉建成。此外，在地坛、圆明园、十三陵等处，汉白玉的建筑也随处可见。

图34-1　汉白玉玉雕，刘鹏供图

图34-2　汉白玉玉雕，刘鹏供图

图34-3 阿富汗玉手镯

汉白玉由于产出块度较大，所以其作品体量一般较大，在今天仍是很好的建筑材料。如今天安门广场上耸立着的华表，就是由汉白玉制成的。华表作为中国古代传统的建筑形式，富有深厚的传统文化内涵，散发出中国文化的精神与气韵，汉白玉质朴敦厚的气质与其相辅相成。除天安门华表外，著名的卢沟桥狮子也是由汉白玉雕成。除此之外，汉白玉还可制成一些中小型的摆件。

除汉白玉外，还有一种较为常见的碳酸盐质玉，通常做成小的首饰，其玉质细腻，多产于中东地区，因首次发现于阿富汗，故称为"阿富汗玉"。高品质的阿富汗玉虽色如凝脂、精光内蕴、厚质温润、水灵坚密，成品与和田玉极为相似，但二者在性质上仍有不同，消费者在购买时需擦亮眼睛。

图34-4 阿富汗玉饰品

35. "蓝田日暖玉生烟"中的玉石究竟是哪种玉?

李商隐在《锦瑟》一诗中写道:"沧海月明珠有泪,蓝田日暖玉生烟。"沧海明月高照,鲛人泣泪皆成珠;蓝田红日和暖,可看到良玉生烟。读罢,我们不禁起疑,这长于蓝田之处的生烟良玉究竟为何物,是大名鼎鼎的和田玉,还是隐姓埋名的蓝田玉?

众所周知,和田玉有着悠久的历史,而与其有着身世纠葛的蓝田玉却少有人知。蓝田玉作为古代名玉,是中国最早开发利用的玉种之一,迄今已有4000多年的历史。在陕西省西安市蓝田县境内仰韶文化和龙山文化遗址中,就出土了先民磨制的蓝田玉玉璧、玉戈等。战国时期,秦置蓝田县,"玉之美者曰蓝,县产美玉,故名蓝田"。《太平御览》引《玉玺谱》载:"秦得蓝田玉,制为玺,八面正方,螭纽。命李斯篆文,以鱼鸟刻之,文曰'受天之命,皇帝寿昌',或曰'受命于天,既寿永昌'。"汉代,蓝田玉被大量使用,汉高祖用蓝田玉加工成鸠杖,赐予德高望重的耄耋之臣,并用蓝田玉加工成其墓道的大玉铺首。西安市茂陵附近出土的西汉武帝的"玉铺首"也由蓝田玉制作。唐代,蓝田玉的加工利用亦达到鼎盛,据《杨贵妃外传》载:"太真善击磬,上令用蓝田绿玉制成一磬,备极工巧。"后来人们便用杨贵妃的小名芙蓉为其命名,称其"冰花芙蓉玉"。由此可见,蓝田玉历史之深厚。但也有学者认为古代所说的蓝田玉可能为和田玉,因为当时陕西省蓝田县是和田玉运送途中的一个中转站。同时,长安(今西安)又是中国古都之首,大量文人骚客聚集于此,出现许多歌颂美玉的诗句,因此"沧海月明珠有泪,蓝田日暖玉生烟"虽成就了蓝田玉的美名,但其所写或许并不是蓝田玉而是和田玉,一切仍有待科学考证。但不可否认的是,蓝田玉的确与和田玉属于不同的玉种。

现在市场上流行的蓝田玉为蛇纹石化大理岩,以白、米黄、黄绿、苹果绿色为主,颜色斑杂,花纹奇特,光泽温润,质地细腻,摩

图35-1　蓝田玉手镯

氏硬度为4～6，常制成手镯或其他首饰进行流通。除蓝田玉外，我国近几年产出的另一种蛇纹石化大理岩玉石渐渐进入人们视野，它产于黑龙江省伊春市铁力市桃山地区，因此被命名为"桃山玉"。桃山玉矿体较大，故而非常适合雕刻中大型工艺品，通过雕刻技术能够将桃山玉与众不同的风采展示得淋漓尽致。

在我国历史文化的岁月长河中，蓝田玉扮演了不可或缺的角色。今天，蓝田玉已然成为精神、政治、文化、礼仪、财富、美德的代表，是真善美的化身。

图35-2　桃山玉山子

36. 你了解黑曜石吗?

相传很久以前,印第安人世代居住的土地被侵略者占领,英勇的阿帕契战士誓死夺回土地,但很多人死于战争中。数月间,那些死难战士的爱人们不停地流着悲伤的泪水,牵动了天父仁慈的心,于是天父将阿帕契人的泪水都深埋在一种黑色的石头里。有人说,谁拥有这黑色的石头,便永远不用再哭泣,因为阿帕契战士的妻子们已替你流干了所有泪水。因此,黑曜石又被称为"阿帕契之泪"和"不再哭泣的宝石"。

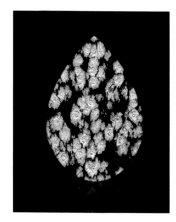

图36-1　雪花黑曜石

实际上,黑曜石是天然玻璃,主要化学成分为二氧化硅,是酸性火山熔岩快速冷凝的产物。黑曜石通常以黑色为主,也有红、绿、蓝等颜色。世界上产出黑曜石的地方大多是火山活动频繁的地区,主要为北美、中国、墨西哥、日本等。此外黑曜石也是墨西哥的国石,深受人们喜爱。

目前市场上常见的黑曜石主要有雪花黑曜石、彩虹眼黑曜石、满月眼黑曜石、月牙眼黑曜石、冰种黑曜石、金沙黑曜石等。当黑曜石内部夹杂少量石英或长石微晶内含物,形成白色或其他杂色的斑块和条带时,即为"雪花黑曜石",深黑的表面盛开朵朵"雪花",美不胜收;"彩虹眼黑曜石"是黑曜石中最具梦幻色彩的品

图36-2　彩虹眼黑曜石

图36-3　满月眼黑曜石

图36-4　月牙眼黑曜石

种，彩虹眼是黑曜石在形成过程中分层冷却所导致的彩色色圈，其颜色越多越稀有，品质也越好；"满月眼黑曜石"可见圆形猫眼，是黑曜石中较为高档的品种，整体通透纯净，"月眼"生动完整，若生长时没有全部形成猫眼，即为"月牙眼黑曜石"；"冰种黑曜石"来自冰岛的海克拉火山，是纯高寒地带的远冰河时期火山爆发孕育而成的天然瑰宝。冰种黑曜石是黑曜石中产量相对稀少的品种，一般呈浅灰色至茶咖色，没有"月眼"，质地细腻均匀，内部较为纯净，少见杂质，透明度较高，整体通透清明；金沙黑曜石（市场上简称为"金曜石"），是一种具有砂金效应的黑曜石，其内部含有许多金属色固态小包裹体，在光线的照射下能呈现一种金"眼"的效果，像一层金沙，从珠子的内部散发出来，金沙的外围还有一层层红云围绕着，异常漂亮。黑曜石家族的众多

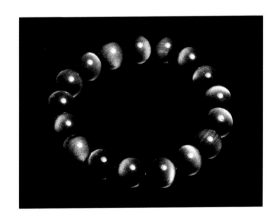

图36-5　金沙黑曜石

成员各具特色，在这多彩的宝玉石王国中绽放着独一无二的特殊光芒。

一直以来，黑曜石在中国佛教的历史中有着不可或缺的地位。在中国古代的佛教文化中，有很多用黑曜石雕刻制作的圣物、佛像、佛珠及其他佛教用品，直至今日，黑曜石也是现代的寺院用来供佛、修持、布施的最佳圣品。此外，黑曜石还是很好的首饰材料，黑色高贵神秘、纯净美丽，那宛如来自夜空的神秘力量，为首饰增添了一抹特别的光芒。纵使表面被黑色覆盖，仍难掩盖它本质的纯粹，愿世俗的浮华，同样盖不住你我的光芒。

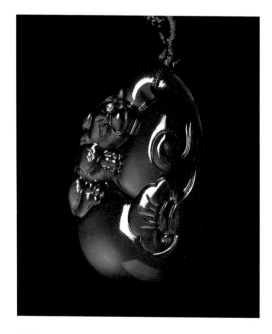

图36-6　冰种黑曜石

37. 你知道"四大名石"吗？

图37-1　缤纷多彩的印章石

印章是中国传统文化的一部分。从古至今，印章石一直是文人心灵和思绪的载体，它们以特有的色、纹、韵、刚、柔、形，无言地传文达意，无声胜有声。印章石的历史源远流长，在中国传统文化中有着极为重要的地位。明朝以前，人们多以金属、象牙、兽角为制印材料，后来开始用花乳石自刻印章，迎来了石质印章的时代。经过数百年的发展，印章石材日益丰富，其种类已达百余种，除了按照传统造型制作印章外，印章石也成为现代雕刻摆件的优质材料。好的印章石，观之悦目，工之适刀。有四种印章石是其中公认的翘楚，被誉为中国"四大名石"，它们或浓烈艳丽，或清雅幽致，春花秋月，各善其美。

第一种是福建寿山石，因产于福建寿山而得名，至今已有1500多年的历史，从清朝到现代，上至帝王将相，下至文人骚客，都对寿山石雕情有独钟。故宫博物院所藏的一方清代雕狮钮印章，就是以寿山田黄石为材，色正质细，纯正油亮。寿山石通常呈白色、红色、黄色、褐色等。寿山石的细分品类达上百种，根据产出位置的不同，可分为田坑石、水坑石、山坑石三大类，田坑石根据颜色又分为田黄、白

图37-2　清·田黄石雕狮钮印章
故宫博物院藏

田石、红田石、黑田石等，而水坑石包括水晶冻、牛角冻、桃花冻、鱼脑冻等品种。寿山石颜色艳丽，品种众多，以田黄最为珍贵，被誉为"石中之王"。

第二种是浙江昌化石，昌化石中以鸡血石最为出名，因地开石中含殷红艳丽的辰砂，宛如鸡血而得名，被奉为"石中皇后"。昌化鸡血石距今已有600多年的历史，以其鸡血般的鲜红色彩和美玉般的细腻质地而驰名中外。在清代官吏服饰中，鸡血石曾代替珊瑚成为顶花品饰中最高荣勋的代表。现如今，鸡血石经常作为国家级礼品用于文化交流。鸡血石的红色部分称为"血"，而红色以外的部分称为"地"或"地子"，通常呈白、灰、红、黄等色，鸡血石的颜色美观与否与"血"和"地"的颜色是否协调有很大关系。除了鸡血石，昌化石还有许多无血石，如昌化田黄、藕粉冻、红花冻、绿昌石、朱砂石及多彩石等。

第三种是浙江青田石，青田石产于浙江省青田县，色彩丰富，花纹奇特，硬度较低，十分适合雕刻。此外，青田石的品类繁多，可达100余种，主要品种可分为十大类，如青色的灯光冻、鱼冻、封门青，蓝色的蓝花钉，黄色的黄金耀、秋葵，棕色的酱油冻以及各种组合色，等等。上佳的青田石色彩并不浓烈，而是胜

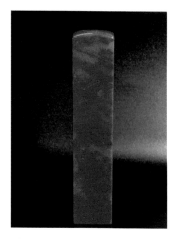
图37-3　昌化鸡血石印章

图37-4　昌化多彩石

图37-5　青田石封门灯光冻
锦艺苑珠宝供图

图37-6　巴林鸡血石摆件

在略微透明莹润中对青色的诠释，因其色泽温润而有"石中君子"的美誉。

第四种是内蒙古巴林石，因产于内蒙古赤峰市巴林右旗而得名，被一代天骄成吉思汗誉为"腾格里朝鲁"（意为"天赐之石"）。巴林也产鸡血石，与昌化鸡血石不同的是，其质地较细腻，因此有"南血北地"之称。此外，巴林石中还有如冻石、福黄石、彩石等其他品种。巴林石色彩斑斓，纹理奇特，质地温润，是印章石中的"潜能选手"。

经历过数千年历史风霜的洗礼，四大名石作为印章石中的中坚力量，演绎了千年之美，传递着文人精神，展示着文人傲骨，向世界诉说着中国文化。

图37-7　巴林福黄石雕件

38. "四大名砚"和"十大名砚"分别是什么？

一方小小的砚台，承载了文人墨客的大千世界，正如古人所云："文人之有砚，犹美人之有镜也。"砚向来有"文房之首"之美誉。宋代苏易简《文房四谱》云："四宝砚为首，笔墨兼纸，皆可随时收索，可与终身俱者，惟砚而已。"为何古人对砚有如此的赞誉，"四宝砚"指的是什么砚？让我们一起走进这砚的世界。

我国制砚历史悠久，砚的雏形首现于约6000年前的仰韶文化中，而后不断发展进步，工艺、形制越发纯熟，并兼具实用性和工艺性，种类丰富、造型多变。上文中提及的"四宝砚"，亦即"四大名砚"——端砚、歙砚、洮砚以及红丝砚。"四大名砚"有着悠久的历史，文化底蕴深厚，受到人们广泛追捧，它们源于自然，用于雅阁，成为中华传统文化中的华丽篇章。

作为中华民族特有的文化用具，制砚原料多种多样。按照材质，砚可分为金属砚、陶砚和石砚。三者中属石砚历史最为悠久，种类最为丰富。石砚多以产地命名，产于广东省肇庆（古端州）的砚称之为端砚，产于安徽省歙县的砚称为歙砚，以此类推，有了洮砚、淄砚、易砚、苴却砚、贺兰砚等近百种石砚。

（1）端砚：出产于唐代初期端州（今广东肇庆），世称端砚为"群砚之首"，不但具有"体重而轻，质刚而柔，摸之寂寞无纤响，按之如小儿肌肤，温软嫩而不滑"的特点，更"秀面多姿，呵气研墨，发墨不损笔毫"。端砚之所以名贵，除了其独特的石质外，还因其具有丰富多彩的花纹和奇异的石眼。自唐代问世以来，端砚便受文人学士青睐，加上纹理绮丽，工艺纷繁，堪称我国石砚之首。

（2）歙砚：歙石的产地以安徽婺源与歙县交界处的龙尾山下溪润为最优，故歙砚又称"龙尾砚"。歙砚色如碧云，声如金石，湿润如玉，墨峦浮艳，其石坚润，抚之如肌，磨之有锋，涩水留笔，滑不拒墨，墨小易干，涤之立净。自唐以来，一直保持其名砚地位。

图38-1　清·龙凤纹双面端砚

图38-2　明·歙砚

图38-3　祥云如意洮砚
中华炎黄文化研究会砚文化工作
委员会供图

图38-4　红丝砚
中华炎黄文化研究会砚文化工作
委员会供图

（3）洮砚：产于古洮州（今甘肃省甘南藏族自治州卓尼县），已有1300多年的历史。洮砚以其石色碧绿、雅丽珍奇、质坚而细、晶莹如玉、扣之无声、呵之可出水珠、发墨快而不损毫、储墨久而不涸的特点饮誉海内外，历来为宫廷雅室的珍品，亦是文人墨客所珍爱的瑰宝。

（4）红丝砚：产于山东省青州市一带，因肌理有红丝萦绕而得名。红丝砚色彩以红黄为基调，赭、紫等色兼而有之，纹理极具变化，文字、动物、山水、人物等图案都在似与不似之间，使人产生无尽遐思，且具有质地优良、研墨液如油、蓄墨色似漆、匣藏不干涩等特点。

随着红丝砚逐渐绝迹，自明代起形成了新的四大名砚，即端砚、歙砚、洮砚以及澄泥砚。澄泥砚是著名的人工陶砚，采用澄洁的细泥烧炼而成，砚质地细腻，具有贮水不涸、历寒不冰、发墨而不损毫、

图38-5 清·澄泥砚

图38-6 松花砚
中华炎黄文化研究会砚文化工作委员会供图

滋润胜水的特点。澄泥砚早在隋末唐初便已开发利用，主要生产地为河南虢州。山西绛州的澄泥砚则风行于宋代以后。山西绛州澄泥砚虽为人工陶砚，但其历史悠久、品质一流、工艺上乘、千年不衰，堪称砚林一绝，以其独有的优势位列"四大名砚"之中。

随着砚文化的发展，继"四大名砚"之后又有了"十大名砚"之说。即在原

图38-7 易砚
中华炎黄文化研究会砚文化工作委员会供图

图38-8 贺兰砚
中华炎黄文化研究会砚文化工作
委员会供图

图38-9 苴却砚
中华炎黄文化研究会砚文化工作
委员会供图

图38-10 淄砚
中华炎黄文化研究会砚文化
工作委员会供图

有四大名砚的基础上添加了松花砚、贺兰砚、易砚、苴却砚、淄砚、鲁砚，这就是书法界常说的"十大名砚"。它们同样具有传统名砚发墨如漆，经久不干的特点，同时又各具特色。值得一提的是松花砚、苴却砚、贺兰砚中也有"石眼"的出现，打破了只有端砚有"石眼"的神话。

中华文明源远流长，优秀的传统文化是中华民族的精神家园，砚文化作为中国优秀传统文化的重要代表，在中国文化史上有着特殊的地位。"非君美无度，孰为劳寸心。"千百年来，砚在岁月的长河中不断接受洗礼，不断得到发展。砚台的发展史就是一部文人墨客书写千年的文化史，还是一部大国工匠研磨千年的文明史，更是一部中华民族千年的奋斗史。

图39-1　孝端皇后凤冠

39. 珍珠为什么被称为"珠宝皇后"?

　　"腰若流纨素,耳著明月珰。"在绵延数千载的东方意境中,珍珠的美宛若皎洁月光,闪耀在国人心中。它温柔圆润,波光粼粼,似古画中的温婉闺秀,不喧哗,自有声。

图39-2　珍珠

　　珍珠在我国古代又称"真珠",是贝类或蚌类等软体动物体内分泌物生成的一种有机宝石。从昔日的皇家饰品到如今的常见宝石,珍珠以其素雅、洁白的颜色,光洁、饱满的外观,美满、高贵的象征意义,自古以来一直备受人们的青睐,从"珠圆玉润""珠光宝气"等成语中便可见一斑。此外,珍珠还被宝石业界定为结婚30周年的纪念石,寓意健康、纯洁、富

浅金色　　黑色　　白色

粉色　　紫色

图39-3　各种体色的珍珠
张蕴韬供图

有、幸福。

　　珍珠是不需要加工就天然生成并带有生命特征的珍宝，每一颗珍珠表面都具有隐约可见的晕彩珠光，这股琢磨不透的神秘韵味和典雅气质与东方女性含蓄柔美的感觉如出一辙。而这独特的晕彩珠光与珍珠的体色、伴色相互结合，成就了珍珠的多姿多彩，在珍珠的世界里，似乎可以找到世间的万般颜色。

　　珍珠的体色是本体的颜色，也称背景色，可分为五个系列，即白色、黄色、红色、黑色系列及其他系列（紫、青、蓝、褐、绿色）；伴色是漂浮在珍珠表面的一种或几种颜色，可有白色、粉红色、玫瑰色、银白色或绿色等；晕彩是在珍珠表面或表面下层形成的可漂移的彩虹色，是叠加在体色之上的，由珍珠表面反射及次表面内部珠层对光的反射干涉等综合作用形成的特有色彩。在各种因素的共同影响下，珍珠呈现出多种多样的颜色，宛若珠宝界的一道绚丽彩虹，散发着那一缕来自海洋的柔光，绽放着属于自己的独特光芒。珍珠与"珠宝皇后"之名甚为相符，虽无棱角艳彩，却将瑰丽与高雅融为一体，令人过目不忘。

图39-4　珍珠的伴色及晕彩
张蕴韬供图

图39-5　珍珠耳饰
Olympe Liu设计工作室供图

图39-6　金珍珠项坠

40. 珍珠家族有哪些成员?

珍珠浑圆温润、光彩照人,兼具高雅柔媚和祥和恬静的气息,最能烘托出女性典雅端庄的一面。然而珍珠品类复杂多样,颜色丰富,目前市面上各种各样的珍珠层出不穷,让人眼花缭乱。对于珍珠的分类,有很多方法,除颜色分类外,还可从生长方式、产出水域、有无珠核、产地差异等方面进行简单归类。

(1)按生长方式分:珍珠可分为天然珍珠与养殖珍珠。天然珍珠是指野生贝类或养殖贝类体内自然形成的珍珠,养殖珍珠是指经人工手术在软体动物内养成的珍珠。目前市场上流通的珍珠基本为养殖珍珠,根据国家标准规定,养殖珍珠可直接命名为珍珠。

(2)按产出水域分:珍珠可分为海水珍珠和淡水珍珠。顾名思义,海水珍珠指生长在海水贝类中的珍珠,淡水珍珠则是指淡水(江、河)蚌中产出的珍珠。目前国际市场上的海水珍珠主要产自中国南海、日本近海、法属波西尼亚大溪地群岛、澳大利亚和印度尼西亚海域,淡水珍珠则主要产于中国长江中下游的浙江、湖南一带的江水和湖泊中。

(3)按珍珠内是否存在珠核分:珍珠可分为有核珍珠和无核珍珠。有核珍珠

图40-1　海水珍珠

图40-2　淡水珍珠

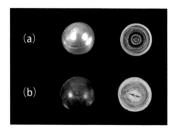

图40-3　有核珍珠和无核珍珠
(a)有核珍珠、(b)无核珍珠

图40-4 金珍珠项链
Olympe Liu设计工作室供图

图40-5 黑珍珠戒指
赵何膺摄影

是将完整的珠核（通常为珠母贝壳制成）置入贝类或蚌类的外套膜内，珠核上慢慢覆盖珍珠质层后形成的珍珠。无核珍珠是用外套膜的微块替代珠核植入贝类或蚌类的外套膜中产生的珍珠，形态差异大、产量高，目前在淡水养殖的珍珠中占有相当重要的地位。

（4）按产地分：珍珠的产地有很多，根据产出区域的不同，称谓也有所不同。"南珠（合浦珠）"以广西合浦地区北部湾海域所产的海水珠为代表；"北珠"以东北的牡丹江、混同江、镜泊湖等地的淡水珠为代表，历史上也称"北珠"为"东珠"，但目前珍珠市场中的东珠为日本的人工养殖珍珠，与历史中的"东珠"有所区分；"西珠"则泛指欧洲海域产出的珍珠。除此之外，南洋珠为产于澳大利亚、菲律宾、印度尼西亚、塔希提一带的海水珍珠，澳洲珠产于澳大利亚的海域，孟买珠产于印度，中国浙江、江苏、湖南等省出产的珍珠为中国淡水珍珠。

珍珠是一个大家族，成员丰富，各具特色。在缤纷耀眼的宝石王国中，珍珠家族以其恬淡的光泽、细腻的质感一直保有无可撼动的特殊地位。皎洁圆明内外通，清光似照水晶宫，这样的珍珠便如同贝壳中出落的维纳斯般美丽、神秘而优雅。

41. 你了解粉粉嫩嫩的孔克珠吗?

在珍珠王国里,有这样一种珍珠,她身份高贵、颜值动人,她是海螺里的天价少女,更是珍珠中的绝美公主,她就是孔克珠,生于海螺壳,堪称珍珠界的璀璨烟火。

孔克珠(Conch Pearls),又叫海螺珠,产于中南美洲、加勒比海的海域,生长于海螺体内。与普通珍珠产自于珠蚌不同,孔克珠的贝母是女王凤凰螺,也称为大凤螺,这是一种大型可食用的软体动物海螺,约5万只大凤螺去肉后才可产出一颗孔克珠。孔克珠年产量仅2000至3000颗,截至目前还未有公司成功地人工养殖出孔克珠,也正因如此,孔克珠被认为是珍珠中最稀有、最珍贵的品种。

孔克珠颜色多为粉红至玫瑰红色,有时也可见白色、黄色和巧克力色,其中

图41-1 海螺

图41-2 孔克珠珍珠胸针
(日本Mikimoto)

图41-3　卡地亚孔克珠手链

巧克力色最为少见，市场还是以饱和度高的粉红色系的孔克珠最受欢迎，价值也最高。由于孔克珠与珍珠的成因不同，因此表面不会出现与珍珠类似的七色晕彩，但孔克珠也有属于自己的独特外观。"火焰纹"是海螺珠的特有花纹，借着阳光转动一颗至美珍贵的孔克珠时，便可见到海浪似的精致白色纹理遍布于美丽的天鹅绒般的质地之上，火焰结构的纹理闪烁着细腻柔美的光泽，有时内敛精致，有时热烈奔放。此外，孔克珠表面有时也会出现白色的钙点。"火焰纹"和白色钙点都是孔克珠的表面特征，漂亮的"火焰纹"会为其增添风采，但白色钙点则会降低孔克珠的收藏价值。因此在挑选时须擦亮眼睛，避免选中外观上白点较多的孔克珠。

陶瓷般的光洁外表、玫瑰般的色泽、明亮精致的"火焰纹"，种种特点都让孔克珠拥有别样的风情。这粉粉嫩嫩的孔克珠如青春靓丽、美丽动人的少女，开启了一个不一样的珍珠世界。

图41-4　海螺珠的"火焰纹"

42.为什么珊瑚被称为"海底之花"？珊瑚有哪些品种？

有人说，珊瑚像树丛、花海，认为它是植物；也有人说，那些海边的珊瑚块，硬邦邦的，像块石头。那么珊瑚究竟是什么呢？是植物，还是石头？其实，在生物学中，珊瑚是一种动物。在宝石学中，珊瑚则指珊瑚虫的分泌物及其骸骨所堆积而成的聚合物，这种聚合物以钙质为主体，常呈树枝状产出，是来自大海深处的有机宝石。根据成分的不同，珊瑚可分为钙质珊瑚和角质珊瑚两大类，其中，钙质珊瑚主要包括红珊瑚、白珊瑚和蓝珊瑚，而角质珊瑚以黑珊瑚和金珊瑚为主。

图42-1　阿卡珊瑚胸针
王月要供图

在当前市场中，珠宝级的珊瑚以红珊瑚为主，它来自蔚蓝的大海，却拥有着鲜艳的红色，它贵比黄金，市场逐渐大热，在珠宝界的地位也越来越高，不知从何时起，红珊瑚悄悄占据了收藏界的"涨价席"。红珊瑚又称贵珊瑚，颜色鲜艳，质地细腻，著名的红珊瑚有阿卡珊瑚、沙丁珊瑚和莫莫珊瑚三种。阿卡珊瑚是珊瑚中价值最高的品类，享有"珊瑚皇后"的美誉。颜色多为深红至红色，深红者被称为"牛血红"，贵妇感十足。阿卡珊瑚通常有白芯但不位于珊瑚主体中轴部位，压力纹、瑕疵也比较多；沙丁珊瑚颜色均匀，

图42-2　沙丁珊瑚项串

104

图42-3 莫莫珊瑚耳坠、王月要供图

多为红色，且无白芯，但表面凹凸感较强。沙丁珊瑚的瑕疵较少，因此多用来制作串珠；莫莫珊瑚颜色多为桃红至浅粉，部分带有橙色调。莫莫珊瑚也有白芯，并且位于珊瑚主体中轴部位，表面凹凸感也较为明显。由于其颜色多似桃子的粉色，故又名桃色珊瑚，较为稀少的"天使之肤"（或称"孩儿面"）珊瑚就来自于该品种。

除红珊瑚外，市场中也会见到少量的白珊瑚、蓝珊瑚、黑珊瑚以及金珊瑚。白珊瑚多呈白、灰白、乳白、瓷白色，质地

图42-4 白珊瑚

较粗，多用于盆景工艺；蓝珊瑚外表虽其貌不扬，最美之处却在骨骼，它有着如大海般沉静、深邃的碧蓝色骨骼，极为罕见，是名副其实的海中蓝宝石；黑珊瑚又名"海柳"，多呈灰黑至黑色，纹理清晰，如云彩般自由游走，温润可人，珍贵典雅，是文玩界的"热门选手"；金珊瑚通体呈金黄色、黄褐色，是除蓝珊瑚外的另一稀有珊瑚品种，金丝游走，色彩斑斓，尊贵华丽之感扑面而来。

图42-5　黑珊瑚

　　珊瑚有着不同的使命和生命历程，有的珊瑚在海底尽情摇曳，守护着偌大的一片海域；有的珊瑚枝节沉入海底，待被打捞起后摇身一变，成为世间珍宝；有的珊瑚则在苦难中绽放不一样的华彩，成就历经千年的繁花之身。当喷涌而出的火山灰覆盖在海底珊瑚上，在漫长的时光中，地壳反复挤压演变，造就了层林尽染、繁花盛放的硅化珊瑚。硅化珊瑚根据原珊瑚颜色和品种的不同，可出现不同的色彩，多以白、黄和红色为主，偶见蓝、绿、灰、黑色等，色调往往不均匀，其表面图案大小和形态变化多样。每一块硅化珊瑚都是独一无二的，它们是大自然带给我们的奇景。

图42-6　金珊瑚

图42-7　硅化珊瑚

43. 你了解中国的红珊瑚文化吗？

图43-1 清·红珊瑚朝珠
故宫博物院藏

"绛树无花叶，非石亦非琼"，红珊瑚，无花无叶，非石非玉，却美得不可方物。我国是开发和使用珊瑚最早的国家之一，红珊瑚好似一个红色的精灵，跳跃在数千年的历史星河中，创造出传奇的中国红珊瑚文化。

中国很早就有与珊瑚来历、形状、用途等有关的文字记录。据记载，"珊瑚"一词最早出现在先秦时代，《山海经·海中经》中有"珊瑚出海中，岁高二三尺，有枝无叶，形如小树"，描述出了珊瑚的整体形态，而此时的红珊瑚主要用于陈设和装饰。汉代的"丝绸之路"将外域珊瑚引入中国，一时之间，珊瑚之风盛行，汉武帝也将玉树盆景供奉于神堂之中，正如《汉武故事》中所云："前庭植玉树。玉树之法，茸珊瑚为枝，以碧玉为叶，花子或青或赤，悉以珠玉为之。"到了三国时期，建安诗人曹植的《美女篇》中有言："头上金爵钗，腰佩翠琅玕。明珠交玉体，珊瑚间木难。"可见此时红珊瑚已被用作首饰佩戴。唐朝是我国历史上的繁盛时期，唐代女子重视装扮，珠饰发钗日渐流行，诗人薛逢曾在《醉春风》中写道"坐客争吟云碧诗，美人醉赠珊瑚钗"，可知唐代珊瑚饰物之盛行。在宋、明时

107

期，珊瑚的用途则较为固定，体型大而完整者多作摆件置于厅堂，残损严重者便取其枝丫制为饰物。到了清朝，皇室贵族对珊瑚尤为喜爱，以珊瑚制朝珠和官帽顶珠，仅二品官以上方可佩戴。皇家各类带饰和其他饰物上，如步摇、戒指、耳饰、如意等，也均镶有红珊瑚。此外，古代帝王富贵之家，多收藏珊瑚树作为陈设盆景，并视之为财富，故宫博物院中至今还陈列着明清时期皇宫里的巨大红珊瑚，格外贵重高雅。

文献记载中的红珊瑚都带着特有的朝代印记，我们可以从中了解到红珊瑚在历史中留下的点点痕迹。同中华玉文化一般，中国的红珊瑚文化也有着悠久的历史，正等着人们慢慢发现。这有着"中国红"色彩的红珊瑚，必定能够走得更远，继续谱写带有中国特色的红珊瑚文化。

图43-2 珊瑚顶戴
云南博物馆藏

图43-3 铜镀金嵌珐琅海堂式盆红珊瑚盆景
故宫博物院藏

44. 何为琥珀？琥珀都有哪些品种？

一个太阳猛烈的午后，松树渗出滴滴树脂，像金色的眼泪掉落地上，后来，森林化作大海，小小的松柏树脂在海里随波逐流，直到某天，它被打捞起，宝光四溢的金黄色璀璨无比，惊艳世间。"莫许杯深琥珀浓，未成沉醉意先融"（宋·李清照《浣溪沙·莫许杯深琥珀浓》），这神秘又浪漫的琥珀是时间的礼物，灿烂如阳光，清冽如美酒。

琥珀，英文名称为Amber，来自拉丁文Ambrum，意思是"精髓"。琥珀是中生代白垩纪至新生代第三纪树木分泌的树脂连同树木一起被泥土深深掩埋，经历数千万年以上的地质作用，在地下经石化而形成的有机宝石品种，有"大地之魂"之称。琥珀颜色丰富、形态各异，形成于世界不同国家和地区。琥珀按其颜色和内含物等不同特征，可划分为若干类型，如蜜蜡、血珀、金珀、蓝珀、虫珀、植物珀等。

琥珀的世界并非只有金黄璀璨，多彩的琥珀带给人们无限惊喜，如血珀、金珀、棕珀、绿珀、蓝珀和黳珀。血珀有着热情的红色、棕红色、褐红色，因此也称红琥珀或红珀，其中色红如血者为上品，浓

图44-1 琳琅满目的琥珀饰品

郁高贵，气质非凡；金珀为金黄色透明的琥珀，浑身散发着金灿灿的光芒，是名贵琥珀之一；棕珀又称棕红珀，颜色介于金珀与血珀之间，与蜂蜜色类似，不经意间予人甜蜜之感；绿珀是浅绿、黄绿及绿色透明的琥珀，绿珀产出极为稀少，市场上多为柯巴树脂多次加温加压处理出的产品；蓝珀是"会变身的小魔法师"，随着观察角度和光线的不同能够呈现出不同的颜色，在白色背景和透射光下观察，其体色为黄色、棕黄色、棕红色等，而在黑色背景及反射光下观察则呈蓝色；翳珀整体呈黑色不透明，外观颜色比血珀更深，在正常光线下为黑色，透过光线或者强光下观察，内部呈红色。

琥珀中还有一些特殊品种，各具特色，如蜜蜡、香珀、虫珀、植物珀、花珀、根珀、石珀等。蜜蜡为半透明至不透明的琥珀，颜色似蜜，质感如蜡，含有微小的气泡，可呈多种颜色，以金黄、棕黄及黄白间杂最为普遍，另外，纯白色者称白蜜，红色者称血蜜；当你靠近琥珀时，如果能感受到它的香气，那这块琥珀大概率是香珀，香珀多为白色，具有松香味，也是琥珀中最香的品种；琥珀中还可有生命的痕迹，若包裹了远古动物遗体则为虫珀，若有植物标本则为植物珀；有些琥珀内有着漂亮的花纹，这是自然界留下的美

图44-2　血珀
Olympe Liu设计工作室供图

图44-3　金珀

图44-4　蓝珀

图44-5　蜜蜡吊坠

丽风景，内部有圆盘状花纹的透明琥珀即为花珀；根珀属于矿珀类琥珀，不透明，具有棕色交杂白色的斑驳纹理，也有乳黄与棕黄交错的颜色，经过抛光会呈现大理石般的纹理；石珀多为黄色，半透明至不透明，由于石化程度比较高，所以硬度比其他琥珀大，是一种色黄而坚润的琥珀。

琥珀质地温润，低调中蕴含着奢华的光芒，每一块琥珀似乎都有一个属于自己的故事，在岁月流转中与众人娓娓道来。

图44-6　虫珀

45. 古诗词中的琥珀有何寓意？

琥珀在我国有着几千年的使用历史，形成了源远流长的琥珀文化。千万年的日月精华，造就了琥珀的绝世之美。在琥珀中，你总能感受到无与伦比的美妙灵感，透过光的方向，那流淌的岁月似乎穿越了时光，讲述着曾经的动人瞬间。不论古今，文人墨客，尤爱琥珀，爱其独特质感，爱其莹莹之光，那走进古诗词中的琥珀又有着怎样的"身份"？

在中国古代诗词中，无酒不琥珀，"琥珀"一词常用以指代美酒。李白在《客中行》中写道"兰陵美酒郁金香，玉碗盛来琥珀光"，兰陵的美酒甘醇，香气四溢，酒色金黄，一时兴起，盛满玉碗，微微晃动，泛出的琥珀光芒晶莹迷人；李贺的《将进酒》中有"琉璃钟，琥珀浓，小槽酒滴真珠红"，明净的琉璃杯中，斟满琥珀色的美酒，酒色柔润莹洁，一场盛大筵席即将上演；白居易所作的《荔枝楼对酒》中有"荔枝新熟鸡冠色，烧酒初开琥珀香"，在荔枝刚刚成熟的夏季，打开封存已久的烧酒，散发出阵阵琥珀松香，本该惬意享用，奈何无友相伴。中国古时咏叹琥珀的诗词众多，当琥珀成为酒的代名词，在表现酒的香浓醇厚的同时，也巧妙地暗喻出琥珀丰醇的质感与晶莹的色彩，字里行间所晕染的热爱与赞美可见琥珀之珍贵。

如果说钻石的美如同闪耀的星芒，那古老的琥珀便似隐匿于时光深处的珍宝，明媚温柔，永恒灵动，如美酒般香醇透亮，藏匿着岁月的痕迹。从最初的树脂滴落到今时的琥珀，言语笔墨的匮乏，诉不尽琥珀的点滴美好，但仅此相遇一瞬，却终难以忘怀。

图45-1 琥珀吊坠

图45-2 琥珀手把件

图45-3 琥珀印章

46. 猛犸象牙可以交易吗？

图46-1　牙雕《四季争艳》
北京工艺美术博物馆藏

象牙早在中国古代就被视为贵重的材料，用来制作牙雕、假牙、扇子、骰子、首饰等，《诗经·鲁颂·泮水》便有"元龟象齿，大赂南金"的记载。狭义的象牙专指现代大象的牙，有非洲象牙和亚洲象牙之分，而广义的象牙是指包括现代象牙在内的某些哺乳动物的牙齿，如猛犸象、河马、海象、疣猪、鲸等动物的牙。市场上所谓的象牙即指现代象牙，可呈现很多不同的颜色，新鲜时常呈现白色，如奶白色、瓷白色等，偶尔也可见浅金黄色、淡黄色、褐黄色等。似玉肌一般的象牙具有柔和的油脂或蜡状光泽，因而具有了庄严神圣的气质，平添一丝温润细腻。在曲折蜿蜒的历史长河中，象牙艺术品一直被视为世界的瑰宝，与中西方的文化碰撞出不一样的火花。然而面对大象数量锐减的现状，为保护大象免遭杀害，中国早已在1981年加入并签署《濒危野生动植物种国际贸易公约》，严格限制象牙贸易，象牙贸易在国际范围内被禁止。

近年来，珠宝新品种层出不穷，一种被称为"猛犸象牙"的宝石品种渐渐走进人们的视野，受到越来越多消费者的关注。猛犸象牙一经出现，便引起热议，猛犸象牙能够进行交易吗？

图46-2　猛犸象牙原料

猛犸象牙，英文名称Fossil Ivory，是猛犸象的长牙。猛犸象是象的一种，猛犸象牙当然也是象牙的一种。但现在人们常说的"象牙"是狭义的象牙，指的是现代大象的长牙，包括亚洲象和非洲象的象牙，而猛犸象牙并非现代象牙。猛犸象生活在距今4万年～1.2万年之间，早已灭绝，不是濒危物种，猛犸象牙在西伯利亚的冻土中被发现，如同宝石矿物般被开采出来，交易流通不受法律法规限制，没有杀害，可以买卖。

猛犸象牙与现代象牙非常相似，表皮部分存在石化现象，属于史前象牙，其

图46-3　猛犸象牙雕件

中芯呈奶白色，表皮常呈褐色、蓝色，少见绿色，皮色多样，肉质洁白细腻。在已发现的猛犸象牙中，约有15%是可用于制作珠宝首饰的优质象牙。猛犸象牙硬度不高，但韧性很好，非常适于雕刻，雕刻件可以做到细如毫发，令人叹为观止。

猛犸象和现代的亚洲象、非洲象同宗同源，它们的牙非常相似，但是区分起来也有迹可循。与其他动物的牙齿不同，象牙有着独特的结构特征，其横截面可见牙芯以及牙纹，我们称之为勒兹纹理线，亦称旋转引擎纹，具体表现为由两组呈十字交叉状的纹理线以大于115°或小于65°角相交组成的菱形图案；其纵截面上通常呈现近于平行的波纹线，这成了鉴定象牙制品的关键依据。猛犸象牙也具有类似的勒兹纹，但其夹角通常小于90°。而从整牙外形上看，猛犸象牙更为卷曲且有深色牙皮。

猛犸象牙质地细腻温润，古朴高远，是不可再生资源，只有存量没有产量，具备宝石的特征，是合法流通的"象牙"。折戟沉沙铁未销，自将磨洗认前朝。猛犸象牙，既是远古的遗物，亦是自然的馈赠。如今，猛犸象虽已离我们远去，猛犸象牙却被现代人所采撷，经过雕琢、打磨，装饰在人们的颈间、腕上。

图46-4　猛犸象牙手镯

47. 你了解砗磲吗？

砗磲，来自几千年前的海底至宝，灵气超然。砗磲之灵，承载了大海之气，在海水的流光普照下，绽放出独特的光彩。

"砗磲"一名始于汉代，因其表面有一道道呈放射状分布的沟槽，就如古代车轮碾压出的深沟道，故称为"车渠"。而后，古人又因其坚硬如石，便在"车渠"旁加上"石"，因此得名"砗磲"。

砗磲在我国古代就已被视为一种宝物，中国使用砗磲历史悠久，在一些古文献中经常可以发现提及砗磲的文字。三国时魏文帝曹丕《车渠碗赋序》就提道："车渠，玉属也，多纤理缛文。生于西国，其俗宝之。"汉朝伏胜所著的《尚书大传》中记载："散宜生、南宫适、闳夭三子学颂于太公，遂与三子见文王于羑里，献宝以赦免文王。"讲述了一则散宜生以"车渠"大贝献纣王赎文王的故事。此外，《岭外代答》《诸蕃志》《梦溪笔谈》《葛氏印谱序》等皆言及砗磲，"海物有车渠""质如白玉""为环佩诸玩物"。在清朝的官帽珠饰中，可见砗磲顶珠，即"朝珠"。《大清会典》记载："……六品鹭鸶补，朝冠顶饰小蓝宝石，上顶砗磲，吉服冠用砗磲顶；岁奉60两……六品彪补，朝冠顶饰小蓝宝石，

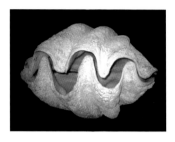

图47-1　砗磲贝壳
北京崔奇铭玉雕工作室供图

图47-2　牙白砗磲

图47-3　白色顺纹砗磲
北京崔奇铭玉雕工作室供图

图47-4 黄金砗磲
胡龙供图

图47-5 金丝砗磲
胡龙供图

图47-6 玉化砗磲
胡龙供图

上顶砗磲,吉服冠用砗磲顶;岁奉14两,加支35两……"《清史稿/志/卷一百三志七十八 舆服二/命妇冠服》载:"六品命妇朝冠,顶镂花金座,中饰小蓝宝石一,上衔砗磲。吉服冠顶亦用砗磲。余皆如五品命妇。"如今,砗磲更是在珠宝市场中占有一席之地。

砗磲是软体动物门双壳纲的海洋动物砗磲贝尾端切磨下来的有机宝石,拥有温润的质地和洁白如玉的颜色,是我国有机宝石的重要组成部分。砗磲贝壳尾端内层有美丽的彩色荧光,内部珍珠层(文石层)与珍珠成分相同,贝壳略呈三角形,顶部弯曲,壳边缘呈波形屈曲,壳表面为白色至褐黄色,壳内洁白细腻。砗磲的种类众多,根据其产出部位和色彩可分为牙白砗磲、白色顺纹砗磲、黄金砗磲、金丝砗磲、玉化砗磲、血砗磲和紫色砗磲。

近年来,砗磲饰品以其有别于其他宝玉石的特色受到广泛喜爱,砗磲摆件、挂坠、珠串、手镯、手把件等大量出现。然而与此同时,砗磲生物面临巨大危险,它们的濒危让人类认识到了过度开采的危害性。从2017年1月1日起,我国明令禁止开采、捕捞或者出售购买砗磲。砗磲之美,源自大海,也终究属于海洋,有着属于自己的家,有生命,而我们应该保护它,让这份美继续留存在大自然的怀抱。

图47-7　血砗磲
北京崔奇铭玉雕工作室供图

图47-8　紫色砗磲
温庆博供图

图47-9　砗磲珠串

图47-10　砗磲摆件《笑口常开》
北京崔奇铭玉雕工作室供图

48. 为什么西方人偏爱绚丽夺目的宝石而中国人喜爱温润内敛的玉石？

图48-1　维多利亚时期古董钻石胸针，御美西洋古董珠宝供图

图48-2　祖母绿吊坠项链（卡地亚 1926）

珠宝作为一种文化载体，见证了时代更迭、岁月变迁。由于区域与文化的不同，中西方在珠宝首饰上表现出不同的偏好。西方人喜欢华丽之美，注重外表光鲜，更喜欢绚丽夺目的宝石，这造就了西方璀璨多彩的宝石文化；中国人喜欢淡雅之美，注重精神内涵，偏爱温润内敛的玉石，这成就了东方内敛温和的玉石文化。

西方文化外向开放，五彩斑斓、款式丰富的单晶体宝石更符合西方人张扬自信的个性。西方国家开采宝石历史悠久，并且早就将钻石、红宝石、蓝宝石、祖母绿等广泛使用在日常饰品上。早期宝石是身份和地位的象征，王室贵族往往佩戴大克拉的宝石，以此来彰显家族荣耀。西方的珠宝设计更讲究直观的美感，切割镶嵌后的宝石闪烁着璀璨光芒，搭配对称立体的款式造型，耀眼夺目，张扬而霸气。

与西方文化不同，中国人钟爱玉石。悠久的历史造就了中华民族赏玉、爱玉、尊玉、佩玉的根深蒂固的民族心理。中国是爱玉大国、崇玉之邦，玉因其别具特色的自然属性，被赋予美好的品格，成为我国玉文化的精髓。在古代汉语中，"玉"字和"王"字相近，"皇"字则是"白、玉"组合；在现代汉语中，"玉"是"王"身上的一点，"宝贝"的"宝"字以"玉"为底，中国的"国"字以"玉"为心，"君子比德于玉""金玉良缘""锦衣玉食""一片冰心在玉壶"……我国有200多个与玉有关的汉字，多为美好、崇高之意。从秦始皇作为始皇帝的传国之玺用玉制成，到秦昭襄王以十五城换和氏璧，再到乾隆皇帝的25枚宝玺绝大多数为玉制，这些都说明玉在国人心中占据着重要的地位，入国即是国之重器，入家则为传世之宝。中华民族经过几千年的筛选，最终确立了玉的地位，并使其道德化、宗教化、政治化，将玉文化作为中华传统文化中的精华，融汇在了我国政治、经济、文化、艺术等方方面面。玉石作为一种财富的象征，有的成为名门望族的传家宝，有的被权贵们带入墓穴，明清以后更是可以在市场上买卖，成为一种价格不菲的商品。随着时代的发展，中国玉器形制多样、品类丰富，呈现出崭新的面貌，玉石文化焕然一新，融入民间，成为人们讴歌生活、抒发情感的寄托。

一方水土成就一方文化，一方文化促成一份偏爱。西方人偏爱绚丽夺目的宝石，中国人喜爱温润内敛的玉石，二者虽有不同，却都是世界文化多元化的外在体现。我们热爱珠宝，更尊重文化。

图48-3 青玉交龙纽"养心殿宝"故宫博物院藏

图48-4 羊脂白玉籽料手镯杨功成供图

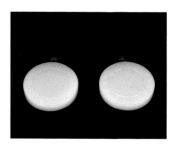

图48-5 羊脂白玉籽料对牌

49. 你知道中国传统文化中的"玉德"吗?

玉在中国的文明史上有着特殊的地位,往往是中国人某种精神或情感的表达媒介。"君子无故,玉不去身""言念君子,温其如玉"……"玉德"一说源远流长,其深厚的历史底蕴对每一个华夏子孙有着深厚的影响。

《孔子家语》中记载,子贡问孔子:"敢问君子贵玉而贱珉,何也?为玉之寡而珉之多欤?"孔子曰:"非为玉之寡故贵之,珉之多故贱之。夫昔者君子比德于玉:温润而泽,仁也;缜密以栗,智也;廉而不刿,义也;垂之如坠,礼也;叩之其声清越而长,其终则诎然,乐矣;瑕不掩瑜,瑜不掩瑕,忠也;孚尹旁达,信也;气如白虹,天也;精神见于山川,地也;圭璋特达,德也;天下莫不贵者,道也。"

子贡向孔夫子请教:"请问为什么君子以玉为贵而以美石为贱呢?难道是因为玉少而美石多的缘故吗?"孔子回答道:"并不是因为玉少才认为它高贵,美石多就轻贱它。从前,君子将玉的品质与人的美德相比。玉温和、润泽、有光彩,正如君子的仁德一般;玉纹理细密而又坚实,好似君子的智慧——心思细腻、缜密,处事周全;玉虽有棱角,但不会伤人,如同君子之义——正直刚毅、睦爱存心;玉佩下垂,象征着君子的谦下恭谨、有礼有度;敲击时,玉会发出清澈激昂的声音,而后戛然而止,体现了音乐的节律美感;玉虽有瑕疵,但瑕不掩瑜,光华不会被遮掩,如君子之忠——不偏不倚、毫不掩饰;玉色彩光泽自内而发,好比君子之信——讲信修睦、表里如一;玉晶莹透亮犹如白虹,汲取了上天的灵气,顺应天道;玉的精神可见于山川之中,如凝结了大地的精髓,涵容万物;玉制的圭璋被用于礼仪,如君子之德——通达情意、志向远大;天下人无不以美玉为贵,这是'道'的显现。"

在孔子看来,玉有以上所说的"十一德",分别为仁、智、义、礼、乐、忠、信、天、地、德、道。孔子将人与德通过玉连接起来，将"君子无故，玉不去身"之缘由表达得淋漓尽致。经过千百年来的传承，玉德已从"十一德"演化成当今的"五德"，即"仁、义、智、勇、洁"。

从古至今，人们都给玉这种质朴的自然物赋予坚毅、温良、清丽、儒雅等品性，以玉比德，这种社会道德观千百年来一直深深地影响着中国人的言行举止。玩玉赏玉，是从玉身上汲取为人处世的态度；爱玉藏玉，是学习玉高尚情操的品质。中国人爱玉，不仅因为它外在的美，更是因为它深刻的内涵之美。

图49-1　和田白玉籽料牌"风雨潇潇"（正反面）
翟倚卫作品、林子权供图

图49-2　和田白玉籽料玉经
易少勇作品、林子权供图

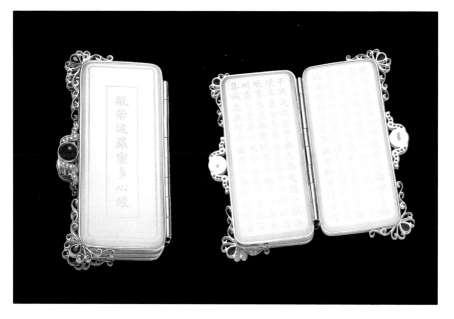

图50-1 翡翠手镯

50."人养玉，玉养人"，是真的吗？

中国人自古就对玉非常珍视，在民间便有"人养玉三年，玉养人一生"的说法，认为只要佩戴玉石时间够久，三年后没有碎裂、玉质更加通透，便说明玉已认主，宁愿玉碎，也会护主一世周全、养人一生。此类说法便是所谓的"人养玉，玉养人"，这种说法正确吗？

所谓"人养玉"是指在人们在长期佩戴、把玩玉石后，人体分泌的油脂、汗液沿玉石的微细毛孔渗入，使玉石看起来更润、更透，颜色也更加鲜艳的现象。这其实是玉饰品在长期的佩戴或把玩过程中与人体的皮肤和衣物发生轻微摩擦，玉石表面变得越发光洁，看起来也愈发温润细腻，这个过程类似于"抛光"，即民间所说的"盘玉"。

有人认为"玉养人"是指通过佩戴，玉石中的微量元素可以进入人的身体中起到养生的作用，这种说法其实是错误的。真正的"玉养人"是指养心养德，主要表现在以下几个方面：①玉养仪：古人会在身上系一块玉佩，玉佩和其他饰物碰撞会提醒佩戴者注意步态，在潜移默化中约束人的仪态姿势，使人举止优雅。②玉养性：赏玉需要平和的心态，玉石具有安定人心、修身养性的力量。③玉养德：人受玉文化熏陶以后，将自己比德于玉，以玉之五德作为处世的规范和准则，从而提升自我修养。④玉养情：每一块玉石都是大自然的瑰宝，赏玉可以陶冶性情、感悟人生。此外，玉石散热快，造型多样，可以凝神静志，令人心情愉悦。⑤玉养身：长期把玩、盘磨、佩戴玉器，可以按摩穴位、疏通经络、加快血液循环，促进新陈代谢，保持身心健康。

人佩戴玉石，是人与玉持续交流的过程，是彼此融合、相互适应的过程，更是相互成就、相互影响的过程。

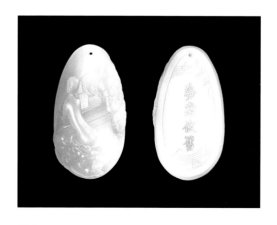

图50-2　和田白玉籽料牌
"海棠依旧"（正反面）
翟倚卫作品，林子权供图

51. 为什么有"男戴观音女戴佛"的说法?

图51-1 翡翠观音挂件

　　许多人都喜欢佩戴玉石饰品，在选择饰品时，常常能听到"男戴观音女戴佛"这一说法，那么为什么会有这种说法呢？其实这与玉石雕刻题材密切相关。

　　玉石雕刻饰品是中国传统文化最好的宣传载体之一，随着社会的进步和玉石市场的不断繁荣，玉石雕刻题材不断丰富和发展，佛教文化元素也逐渐融入玉雕设计和创作中。观音和佛是佛教文化中家喻户晓的形象，玉石从业者将观音、佛等形象与人们的日常生活紧密结合起来，以中国传统文化作为核心元素，以玉雕为载体，创作雕刻饰品以满足消费者的心理需求、寄托美好愿望。

　　"男戴观音"的由来与男子的社会生活息息相关，中国传统文化中男子多主外，经商、创业十分辛苦，而男子的性格大多刚烈易冲动。自南北朝后，佛教中的观音菩萨大多是女身，性情温和、仪态端庄，是慈悲柔和的象征，"男戴观音"希望男子可以缓解情绪，改善紧张的心境，增加一些平和与稳重，借观音以助事业一臂之力。同时，中国人常用谐音来寓意美好，"观音"与"官印"谐音，男子带着官印，自然官运亨通、前途无量。

"女戴佛"，这里的"佛"可以是佛陀释迦牟尼，市场上所见更多的则是弥勒佛。女子多心思细腻，容易纠结于小事。弥勒佛多雕成笑脸大肚的形态，寓意"大肚能容，容天下难容之事；开口便笑，笑世间可笑之人"，快乐有度量，心胸开阔。佩戴佛像是希望女子能够多一些平心静气，多一些宽容，像弥勒佛一样宽宏大量、开心快乐。此外，"佛"与"福"谐音，女带福，笑口常开自然福如东海、衣食无忧、吉祥安康。

图51-2　翡翠佛吊坠

52. 中国古代珠宝首饰有多美?

在数千年的岁月长河中，中国珠宝首饰发展至今，始终站在世界前沿，以其精妙的工艺和别致的设计令人惊叹，创造了一个又一个璀璨的传奇。历代文学作品中有诸多与珠宝相关的记载，让我们穿越千年的时光，走进中国古代珠宝首饰世界，在文学作品中窥探那历史遗存的美好。

明代通俗小说家冯梦龙纂辑的白话小说集《警世通言》中有一短篇小说，名为《杜十娘怒沉百宝箱》，讲述了一个"易得无价宝，难得有情郎"的故事，并对爱情与女性命运进行了深刻探讨。文中对百宝箱虽仅有只言片语的描述，但从中不难

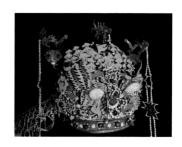

图52-1　三龙两凤冠

图52-2　金环镶宝玉兔耳环

图52-3 鹿鹤同春笔架
中国国家博物馆藏

图52-4 嵌宝石行龙银镀金簪
中国国家博物馆藏

图52-5 镶宝玉花金钗

窥见明代女子珠宝首饰之华美。杜十娘的百宝箱共四层，层层不同，琳琅满目，包罗万象。"翠羽明珰，瑶簪宝珥"，"翠羽"是翠鸟的羽毛，此处指点翠首饰，"明珰"和"宝珥"皆为珠玉耳饰之意，"瑶簪"即玉簪。由此可见，百宝箱的第一层为点翠、珠串耳饰及玉簪三种首饰，珠围翠绕，精致华美。"再抽一箱，乃玉箫金管"，"玉箫金管"泛指雕饰精致的管乐器，第二层便为玉制和金制的笛、箫等乐器，纹饰细腻，做工精良。"又抽一箱，尽古玉紫金玩器"，这百宝箱的第三层是玉制品和紫金雕件，皆巧夺天工，惟妙惟肖。"夜明之珠，约有盈把。其他祖母绿、猫儿眼，诸般异宝"，第四层为各式各样的彩色宝石，祖母绿、猫眼、红宝石、蓝宝石、碧玺……五光十色，数不胜数。明代是中国小说史上的重要时期，诸多优秀通俗小说作品中录入的服饰、器物等均有重要的史学意义，杜十娘的百宝箱便是明朝首饰的载体，记录了明代首饰之精美。

明朝仅仅是漫长中国古代史上的沧海一粟，以一朝珠饰之华美便可窥得古代珠宝首饰之典雅。在千年文化中传承积淀，中国古代首饰独有的东方古典韵味令人惊叹，亘古不消，芳华绝代。

图52-6　镶珠宝玉龙戏珠金簪

53. 为什么有些宝石需要进行优化处理？

图53-1　热处理琥珀"太阳光芒"

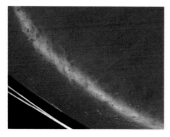

图53-2　非洲充填处理红宝石

虽说宝石的美各有特色，但手有长短不一，物有良莠不齐，并非所有的宝石生来就是"白天鹅"，宝石圈中也有一些"丑小鸭"，静静等待着被改造变漂亮的那一天，于是优化处理技术应运而生。

优化处理是指除切磨和抛光以外，用于改善珠宝玉石的外观、耐久性或可用性的所有方法，可进一步划分为优化和处理两类。

优化是传统的、被人们广泛接受的使珠宝玉石潜在的美显示出来的各种改善方法，目前市场上常见的优化宝石有热处理红（蓝）宝石、热处理琥珀、浸无色油祖母绿、浸蜡绿松石、漂白珍珠等；处理是指非传统的、尚不被人们接受的各种改善方法，市场上常见的处理宝石有辐照处理托帕石、扩散处理红（蓝）宝石、裂隙

图53-3　经辐照处理的蓝色托帕石戒面、吴翠文供图

充填处理红宝石、酸洗和/或染色处理翡翠、涂层水晶、镀膜托帕石等。需要注意的是，优化方法通常不会改变宝石的结构质地，根据国际惯例，经过优化的宝石在销售时可以不做说明，在鉴定证书上也可以不进行标注。但是，经过处理的宝石在市场出售和出具鉴定证书时，必须进行特别标识，如红宝石（处理）。

图53-4　涂层水晶

近20年来，人们对天然优质宝石的需求递增，导致珠宝市场上优质宝石的供需矛盾日趋明显，优质宝石价格不断上涨。因此，开展宝石优化处理工艺技术的研究，有助于使不可再生的宝石资源得以充分利用，提升其潜在的经济价值和社会效益。尽管如此，优化处理宝石的自身价值依旧无法与其对应的天然宝石相媲美，也就是说，经过优化处理宝石的价格远低于未经优化处理同品质的宝石的价格。

图53-5　镀膜托帕石

图53-6　染色的翡翠手镯

图54-1　染色玛瑙手镯

54. 优化处理宝石对人体有伤害吗?

面对市场中出现的各种各样优化处理宝石,人们不禁产生疑问,经过优化处理改造后的宝石对人体有伤害吗?除了价值因素外,这似乎成了消费者的另一大顾虑。

对于优化的宝石而言(如热处理宝石),由于改造过程中并没有其他化学物质进入,通常情况下对人体无害;而多数处理宝石由于有新的化学物质或激光射线的参与,宝石的结构和性质发生了较大程度的改变,佩戴后会对人体造成潜移默化的伤害,其中最为典型的是染色处理和辐照处理宝石。

有些宝石的颜色达不到人们理想的状态,所以要进行一定的改色处理,其中染

图54-2　染色石英岩手镯

色处理宝石在珠宝市场中较为常见，尤其是染色玉石。染色是通过化学染剂给颜色欠佳的玉石进行处理加工，使其颜色达到明丽鲜亮的程度，如染色翡翠、染色玛瑙、染色石英岩等。但由于大部分染剂都含有有害物质，化学染料长时间与皮肤接触，一旦有害物质渗透进入身体，轻者宝石掉色，造成皮肤着色现象，导致过敏，严重者甚至会引发皮肤疾病和多种病变。

图54-3　染色石英岩手串

除了染色处理外，也可采用人工辐照的方法来改变宝石的颜色，该技术简称辐照处理，市场上多见的蓝色托帕石就是无色托帕石辐照处理改色的产品，有天空蓝、瑞士蓝、伦敦蓝多种色调。人们会担心经过辐照处理的宝石是否存在放射性，而对人体造成伤害。其实这与辐照处理时使用的辐照源有密切联系，如果采用电子加速器作为辐照源，辐照后的宝石放射性极低，对人体无害；但如果使用反应堆的中子进行辐照，则会残留较高的放射剂量，会对人体造成一定伤害，储存半年后，这种辐射才能逐渐降低，一般在两年后能够降至对人体无害的辐射剂量。需要说明的是，目前珠宝市场中销售的辐照处理托帕石均为经过检验对人体无伤害的宝石产品，消费者可放心购买。

图54-4　辐照处理蓝色托帕石戒面
（天空蓝、瑞士蓝、伦敦蓝）

图54-5　辐照处理蓝色托帕石戒指

珠宝如何选？

——珠宝的鉴赏与选购之问

55. 号称"宝石之王""世界上最硬"的钻石真的坚不可摧吗？

图55-1 钻石

钻石坚硬无比、璀璨闪耀，是唯一一种集高折射率、高色散和最高硬度于一体的宝石品种，这是其他任何宝石品种都不可比拟的，更是被誉为"宝石之王"。"钻石恒久远，一颗永流传"，满足了人们对于美好爱情的向往，在无限期待中，钻石似乎已经成为坚固情感的载体。不可否认，钻石的确是世界上硬度最高的物质，它足够坚硬，但并非坚不可摧。

因为钻石具有高硬度的同时，也具有脆性。硬度是指抵抗外来压入、刻画或研磨等机械作用的能力；而脆性则是指在外力作用下，易于破坏裂开的性质。硬度并不等同于脆性，两者有所区别。对钻石局

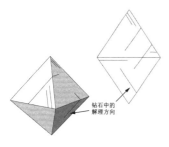

钻石中的
解理方向

图55-2 钻石解理图

部进行刻、划，钻石表面是不会有"伤痕"的，但整体受到很大的力量撞击时，钻石的劈裂面很容易出现缺口甚至断裂。

如此看来，钻石并非"坚不可摧"。但也不必担心，钻石并不属于"易碎品"，工艺师在切磨钻石时会考虑它的解理，并进行合理设计，以此来保护钻石。经过重重打磨的钻石足够坚硬、足够完美，它纯洁美好，是世间真挚情感的最佳载体之一。

56. 你知道评价钻石的4C分级标准吗？

如果要购买钻石，你必须懂得如何评价钻石，这就不得不提到4C分级了，那么评价钻石品质的4C分级到底是什么呢？

我们知道市场上的钻石多为无色—浅黄色系列，国际上使用4C分级体系对该系列钻石进行评价，指的是从颜色（Color）、净度（Clarity）、切工（Cut）、克拉重量（Carat Weight）四个方面，对钻石进行综合评价进而确定其价值，并取这四个要素的英文首字母而命名为"4C"。

国际上较有影响力的钻石分级机构有：美国宝石学院（GIA）、国际珠宝联合会（CIBJO）、国际钻石委员会（IDC）、比利时钻石高层议会（HRD）等，我国参照这些机构的分级标准制定了我国钻石分级国家标准（GB/T 16554-2017），但略有差异。

（1）颜色：不同国家或地区对钻石颜色级别有着不同的表示方法，总体来说，颜色级别的划分体系大致有3种：GIA体系、欧洲体系和中国体系。无论哪种颜色分级体系，钻石颜色越白，其价值越高，颜色每上升一个级别，价格呈几何倍数增长。

GIA体系	欧洲体系	中国体系（GB/T 16554-2017）	
D	Exceptional white+（极白+）	D	100
E	Exceptional white（极白）	E	99
F	Rare white +（优白+）	F	98
G	Rare white（优白）	G	97
H	White（白）	H	96
I	Slightly tinted white（微黄白）	I	95
J		J	94
K	Tinted white（浅黄白）	K	93
L		L	92
M	Tinted colour（浅黄）	M	91
N		N	90
O - Z		<N	<90

表56-1　各颜色分级体系

图56-1　GIA钻石颜色分级

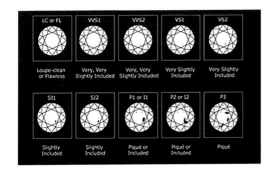

图56-2　GIA各净度级别内、外部特征示意图

中国	CIBJO/IDC/HRD	GIA
FL	LC	FL
IF		IF
VVS_1	VVS_1	VVS_1
VVS_2	VVS_2	VVS_2
VS_1	VS_1	VS_1
VS_2	VS_2	VS_2
SI_1	SI_1	SI_1
SI_2	SI_2	SI_2
P_1	P_1	I_1
P_2	P_2	I_2
P_3	P_3	I_3

表56-2　各分级机构净度等级对比

（2）净度：钻石净度分级是在十倍放大镜下，对钻石的内部（内含物）和外部（表面）特征进行划分。尽管世上没有绝对完美无瑕的天然钻石，但净度越高的钻石，价值越高。不同分级体系对净度级别的表示略有不同，我国国标（GB/T 16554-2017）将钻石的净度分为LC、VVS、VS、SI、P五个大级别，又细分为FL、IF、VVS_1、VVS_2、VS_1、VS_2、SI_1、SI_2、P_1、P_2、P_3共11个级别。

（3）切工：切工对于钻石的外观和价值至关重要，优质的切

切工级别		修饰度级别				
		极好 EX	很好 VG	好G	一般 F	差P
比率级别	极好 EX	极好	极好	很好	好	差
	很好 VG	很好	很好	很好	好	差
	好G	好	好	好	一般	差
	一般F	一般	一般	一般	一般	差
	差P	差	差	差	差	差

表56-3　钻石切工级别表

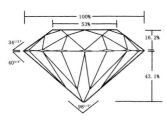

图56-3　钻石完美的加工比率值

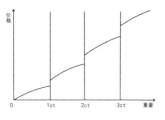

图56-4　克拉溢价示意图

工才能充分地展示出钻石的颜色、亮度和火彩，达到璀璨夺目的效果。切工分级是通过测量和观察，对钻石的比率和修饰度（包括对称性和抛光）两方面进行切工等级的划分，从高到低分别为极好（Excellent，简写为EX）、非常好（Verygood，简写为VG）、好（Good，简写为G）、一般（Fair，简写为F）、差（Poor，简写为P）。一般情况下，标准圆钻型钻石的价格普遍高于异形切工钻石，这与钻石切工有着密不可分的关系。

（4）克拉重量：克拉是钻石重量的计量标准，简称"ct"，小于1克拉的钻石常用"分（pt）"来描述，换算关系为1 ct=0.2 g=100 pt。克拉重量对评价钻石的价值具有很重要的意义，在颜色、净度、切工相同的情况下，钻石越大，价值

重量:	0.25ct	0.5ct	0.75ct	1ct	1.5ct	2ct	3ct	4ct	5ct
圆形	4.1 mm	5.1 mm	5.8 mm	6.4 mm	7.4 mm	8.1 mm	9.3 mm	10.2 mm	11 mm
公主方形	3.5 mm	4.4 mm	5 mm	5.5 mm	6.4 mm	7 mm	8 mm	9 mm	9.5 mm
马眼形	6.5x3 mm	8.5x4 mm	9.5x4.5 mm	10.5x5 mm	12x6 mm	13x6.5 mm	14x7 mm	16x8 mm	17x8.5 mm
椭圆形	5x3 mm	6x4 mm	7.5x5 mm	8x5.5 mm	9x6 mm	10.5x7 mm	11.5x7.5 mm	13x8.5 mm	14x9.5 mm
梨形	5.5x3.5 mm	7x4.5 mm	8x5 mm	8.5x5.5 mm	10x6.5 mm	10.5x7 mm	12.5x8 mm	13.5x9 mm	15x10 mm
心形	4.2 mm	5.4 mm	6.0 mm	6.7 mm	7.6 mm	8.3 mm	9.5 mm	10.3 mm	11 mm
垫形	4x3.5 mm	5x4.5 mm	6x5 mm	6.5x5.5 mm	7.5x6.5 mm	8x7 mm	9x8 mm	10x8.5 mm	10.5x9 mm

表56-4　钻石直径与克拉重量的关系对照表

越高。钻石的价格会随着克拉重量的增加而上升，但不是简单的线性关系，钻石的价格在整克拉处出现明显的台阶，重量增加一倍，价格可增多倍，这就是钻石的克拉溢价。此外，钻石的直径和克拉重量间存在大概的比例关系，可据此简单确定钻石重量，进而预估钻石价格。

钻石的4C分级不仅适用于无色透明钻石，同样也适用于彩色钻石，但由于彩色钻石的魅力主要源于其独特稀有的色泽,因此与无色钻石分级相比,彩色钻石分级更注重颜色因素。也就是说,彩色钻石的价值主要由钻石颜色的稀有性和浓艳程度决定。在彩色钻石中,稀有程度最高的红色系列钻石价值最高,蓝色与绿色系列钻石次之,黄色系列钻石因数量较多,其价值相对较低,黑色钻石价值最低。一般来讲,彩色钻石的颜色可分为微色(Faint)、微浅色(Very Light)、浅色(Light)、淡彩色(Fancy Light)、中彩色(Fancy)、暗彩色(Fancy Dark)、浓彩色(Fancy Intense)、深彩色(Fancy Deep)和艳彩色(Fancy Vivid)九个等级。彩钻颜色越罕见,颜色越浓艳,其价值也越高。与颜色相比,彩钻的净度、切工和重量等评价要素则退为其次,其分级标准也与无色钻石类似。

钻石是时间和自然造就的奇迹,如同雪花的形态迥异万千,每一颗钻石也都独一无二。钻石的4C分级既是区分钻石的主要方法,也是评价钻石的重要标准。不同等级的钻石在价格差异上有所差异,了解钻石4C分级对于购买钻石意义重大,4C建立起了钻石和拥有者之间的桥梁。

图56-5 无色钻石(8.01 ct J VVS₁)姜雪冬供图

图56-6 黄色钻石(20.35 ct Fancy Yellow SI₁)劳德珠宝供图

57. 钻石怎么切才美？

蝴蝶的美丽需要破茧的历练，钻石也不例外，从粗糙的毛坯到闪耀的裸石，钻石需要能工巧匠的切磋琢磨，才能最大限度地绽放迷人光彩。钻石的切割技术对于钻石之美有着决定性作用。最早有文字记录的钻石切磨来自11世纪的印度，并在14世纪早期由威尼斯传入欧洲。经过数百年的发展与创新，如今的钻石切磨技术已然相对成熟，那么钻石切磨是如何一步步走到今天的呢？如今的珠宝市场又有哪些钻石琢型呢？

钻石切割工艺的第一个重要发展来自14世纪下半叶。从最早的尖琢型切割（Point Cut）、台面切割（Table Cut）、玫瑰切割（Rose Cut）等，到现代的明亮式切割（Brilliant Cut），过去几百年间，切割艺术不断改革创新。19世纪后期，现代明亮式切割的前身之一的老式欧洲切割（Old-European Cut）钻石开始盛行，即具有58个刻面的标准圆形明亮琢型，台面小，冠面高，轮廓圆润，复古韵味十足。

现代珠宝市场中钻石切磨多以圆形为主，发展至今，为了能更好地体现钻石的明亮度与火彩，钻石多采用标准圆钻型切工。标准圆钻型切工也叫标准圆明亮琢型，其轮廓是圆的，根据一定角度切割出57个或58个刻面，由冠部、腰棱和亭部3个部分组成。冠部有33个刻面（1个台面、8个星刻面、8个冠部主刻面、16个上腰小面），亭部有24个刻面（8个亭部主刻面、16个下腰小面）。亭部的底终止于底

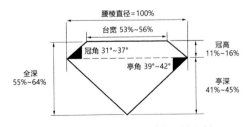

图57-1　圆形明亮琢型钻石的比例

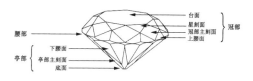

图57-2 标准圆钻型切工各刻面示意图

尖，底尖也可磨成一个小的刻面，这样的话刻面总数就是58个。

钻石除了圆形切工外，还有"花式切工"，如心形、水滴形、公主方形、垫形、椭圆形。不同的切割方式对颜色和净度有不同的视觉呈现效果，每种钻石切割都有属于自己的独特气质。

水滴形切工（也称梨形切工）的钻石会更显大，也可以很好地隐藏钻石中的包裹体，尤其是在尖端部位的包裹体，但它的尖角对白钻的黄色调有放大作用；心形钻石自带的浪漫属性是许多女孩难以抗拒

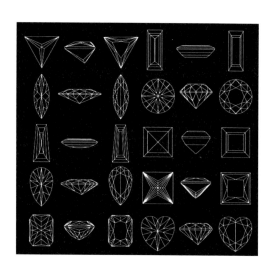

图57-3 钻石的花式切工

的，但这种琢型对钻石毛坯的损耗较大；公主方形切工在西方被普遍认为是自圆钻之后最受欢迎的钻石切割方式，其亭部的四个斜面能够充分地反射射入钻石中的光线，使其显得规整而明亮；垫形切工（也称枕形切工）是一种带有圆角的方形切割方式，垫形可以放大钻石的颜色，所以垫形切工在彩色钻石中颇受青睐；椭圆形切割是拉长了的圆钻形切割，这使得它的刻面相较圆钻来得更大，如此一来，钻石本身的颜色和包裹体都会更容易地被观察到。

　　花式切割钻石的魅力，除了来自线条和造型的变化，还有因为刻面设计的不同和光线互动呈现出不同效果的趣味。不论是何种切工，或经典，或个性，都在以不同方式展现着钻石的多样美感。

图57-4　垫形黄钻
劳德珠宝供图

图57-5　不同琢型的钻石
卡乐丝供图

58. 钻石的"八心八箭"和"十心十箭"是什么意思?

图58-1 "八心八箭"示意图

提到钻石,常听到"八心八箭""十心十箭"一类的描述,这其实是钻石达到一定的切工等级后,利用观心镜分别观察钻石的冠部和亭部时所呈现出的一种视觉效果。

1977年,日本的Shigetomi先生首次推出"八心八箭"钻石。"八心八箭"又称"丘比特切工",象征爱神丘比特的箭射中相爱之人的心,由此,"八心八箭"便成了钻石市场中的一大卖点。能够呈现"八心八箭"这种视觉效果的钻石具有57个刻面,为标准圆钻型切工。标准的"八箭八心"由心和箭两部分构成。从冠部向下观察可见8支对称的箭,箭由箭头和箭杆组成,箭杆和箭头的比例大致为1:1;从亭部向下观察可见8颗对称的心,完整的心形不仅对称,中间还有一个"V"形间隙,"心"的位置处于两个"箭"之间。在专用的观心镜下观察"八心八箭"钻石,能够看到完整清晰、比例适中且严格对称的"八心八箭"。

图58-2 观心镜下观察到的 "八心八箭"

除了"八心八箭"外,还有"十心十箭",这是由Allove完美爱钻石有限公司发明的、能够呈现"十心十箭"图案的钻石琢型。"十心十箭"钻石共拥有81个

143

切面，其中冠部有51个切面，亭部有30个切面，比"八心八箭"多24个面。在特定的观测镜下，从钻石正上方台面垂直观察可见大小一致、对称的十支箭形图案，从其正下方亭部观察可见对称、饱满、一致的十颗心形图案。十支箭与十颗心整体统一、亮度一致、颜色均匀，形成完美的"十心十箭"光学效果。"十心十箭"钻石从视觉上来看，火彩更加绚丽、饱满、耀眼。

图58-3　观心镜

　　"八心八箭"和"十心十箭"钻石追求完美的心箭效果，对于钻石各个部位的比例和角度有着固定的要求。大自然赋予每颗钻石原石不同特征的瑕疵，在切磨师的设计切割下，取其精华，去其糟粕，才能最大限度地还原钻石的天然美丽，创造更高的价值。

台面十支箭
10 ARROWS

底面十颗心
10 HEARTS

图58-4　"十心十箭"示意图

图58-5　"十心十箭"钻石
ALLOVE供图

144

59. 买钻石一定要认准南非产的吗?

图59-1　南非金伯利矿（现名"大洞矿"）

购买钻石时，经常有人询问"这钻石是不是南非产的"，仿佛产于南非的钻石是优质钻石的代名词，事实果真如此吗?

实则不然，南非产出的钻石品质也会良莠不齐。有人认为南非产的钻石好，主要是因为南非是最早发现钻石原生矿的国家，其钻石产量位居世界前列，是目前世界上最重要的钻石产出国之一。100多年里，世界上发现的2000颗超过100克拉的巨钻中约95%产自南非金伯利岩中，其中包括享誉全球的库里南钻石、世纪钻石、南非之星等。事实上，除南非外，世界上有30多个国家均产钻石，其中，博茨瓦纳、澳大利亚、俄罗斯、加拿大、纳米比亚等都是主要的钻石产出国。

（1）博茨瓦纳：博茨瓦纳出产钻石的价值位居世界第一，钻石产量稳居全球

图59-2　南非普列米尔钻石矿

145

图59-3　澳大利亚钻石矿

前三，是非常重要的钻石产出国。世界上价值最高的钻石矿——朱瓦能矿就位于博茨瓦纳。

（2）澳大利亚：1979年在澳大利亚北部地区发现了含钻石的钾镁煌斑岩，这是世界上首次在非金伯利岩中发现了钻石，意义极其重大。现今，澳大利亚不仅是目前最大的钻石产出国，同时还是粉色、黄色、蓝色钻石的主要产出地。澳大利亚最著名的阿盖尔矿，因盛产粉色钻石闻名于世，全球90%的粉色钻石产自该矿。

（3）俄罗斯：俄罗斯在2010年时是全球钻石产量最大的国家，多年来俄罗斯形成了独立的钻石开采加工销售体系，其钻石数量大、质量优，在市场上具有很强的竞争力。

（4）加拿大：加拿大是近十年新兴的钻石产出国，目前年产量居世界前列。

（5）纳米比亚：纳米比亚拥有世界上品质最高的钻石矿床，虽然钻石颗粒小，但质量非常好。

图59-4　辽宁瓦房店110号岩管露天开采坑

图59-5　辽宁瓦房店产出的八面体钻石原石

图59-6　山东蒙阴胜利1号大岩管露天坑口

图59-7　山东蒙阴出产的钻石原石中国地质博物馆藏

除此之外，在我们中国960万平方公里的广袤土地上，也有钻石产出，但产量比上述6个产地的产量少，已探明我国的钻石储量和产量均居世界第10位。中国达到宝石级的钻石产区只有3个，即辽宁省瓦房店市、山东蒙阴地区及湖南省沅水流域。辽宁省瓦房店市的钻石以质量好而闻名；山东省蒙阴县产出的钻石则以个头大为代表，曾产出中国著名的"常林钻石"（158.79 ct），目前该区产出的最大钻石为"沂蒙之星"钻石（343.407 ct），该钻石与中国传统工艺"花丝镶嵌"相结合，再加上红宝石、蓝宝石、黄蓝宝的点缀，制作出了新时代钻石艺术珍品"源昇"；湖南省沅江地区产出的钻石晶形完整度较好，颜色以无色和黄色系为主。

于钻石而言，产地对其价格没有影响，更重要的还是钻石的4C分级，它更能清晰、快速地知道一颗钻石的品质。

图59-8　湖南常德钻石砂矿

60. 钻石证书怎么看?

与人类一样,钻石也有属于自己的"身份证",它就是钻石证书,它是一颗钻石独一无二的身份象征。钻石证书以4C标准为基础,由钻石分级师在特定的环境下,依据严格的分级标准仔细观察和检测后出具。目前比较权威的钻石证书主要有美国宝石学院GIA、国际宝石学协会IGI、比利时钻石高层议会HRD以及国家珠宝玉石质量监督检验中心NGTC证书。在购买钻石首饰时,往往附带一张证书,读懂、看懂钻石证书就成为选购钻石的必备技能,那么常见钻石证书应该如何解读呢?

各机构针对无色至浅黄色系列和彩色钻石给出的分级证书虽略有不同,但大体上均可分为五部分,分别为基本情况、4C分级结果、附加分级说明、切工比例和净度特征。

(1)基本情况

① Report Number(证书编号):一证一号。

② Shape and Cutting Style(形状及切工类型):对钻石琢型以及切磨样式进行描述,其中琢型主要包含Round(圆形)、Oval(椭圆形)、Cushion(垫形)、Pear(梨形)、Marquise(马眼形)、Heart(心形)、Square(公主方形)、Triangle(三角形)

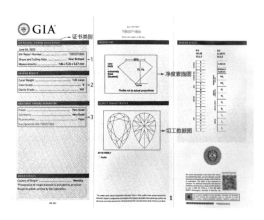

图60-1 GIA证书
卡乐丝供图

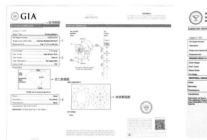

图60-2　GIA彩色钻石分级证书、姜雪冬供图

图60-3　IGI证书、张陈圣文供图

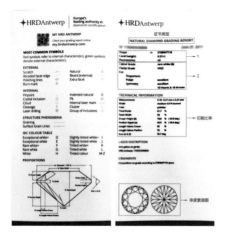

图60-4　HRD证书、张陈圣文供图

图60-5　NGTC裸钻分级证书
张陈圣文供图

及Octagonal（祖母绿型）等常见琢型；切磨样式多为Brilliant
（明亮式切割）、Step（阶梯式切割）和Modified Brilliant（改
进明亮式切割）。在钻石证书中这两部分多以组合形式出现，如常
见的Round Brilliant（圆明亮式琢型，即标准圆钻型）、Round
Modified Brilliant（改良圆钻型）、Cushion Modified Brilliant
（改良垫形琢型）等。

　　③ Measurements（尺寸）：对钻石的规则进行描述（最小直径
×最大直径×高，单位为mm）。

需要注意的是，IGI钻石分级证书在该部分添加了Description（说明），对钻石属性进行了标注，包括Natural Diamond（天然钻石）和Laboratory Grown Diamond（合成钻石）。

（2）4C分级结果

Grading Results，即钻石的4C分级结果，包括Carat Weight（克拉重量）、Color Grade（颜色分级）、Clarity Grade（净度分级）以及Cut Grade（切工分级）。

值得注意的是，彩色钻石证书在该部分增加了Color Origin（颜色来源）一项，针对彩色钻石的颜色来源进行了描述，包括Natural（天然色）、Treated（处理过的）、Artificially Irradiated（辐照改色）、HPHT processed（高温高压处理）和Undetermined（无法确定颜色来源）。

（3）附加分级说明

Additional Grading Information，即附加分级说明，主要包括Polish（抛光级别）、Symmetry（对称性级别）、Fluorescence（荧光）、Inscription（腰部刻字）以及Comments（备注）五部分，对分级钻石进一步详细描述。

（4）切工比例

Proportions，即切工比例数据，多数钻石证书，如GIA、IGI、HRD钻石证书，都会附有钻石的比例数据图，标注钻石的所有比例测量数据，包括全深比、台宽比、腰厚比、冠角比、亭深比等比例数据。

值得一提的是，HRD钻石证书在切工比例数据描述方面不仅给出了切工比例数据图，还另附Technical Information（技术信息），详细罗列了Total Depth（全深比）、Table Width（台宽比）、Crown Height（冠高比）、Pavllion Depth（亭深比）、Length Halves Crown（冠半长）、Length Halves Pavllion（亭半长）等数据。

（5）净度特征

Clarity Characteristics，即净度特征，该部分给出了钻石的净度素描图，并用特定表示符号进行标注，钻石内外部特征一目了然。HRD钻石证书不仅包含净度素描图，还对不同特征进行详细罗列，帮助消费者进行解读。

除以上裸钻证书内容外，NGTC还顺应市场需求，依据国家标准对镶嵌钻石进行分级，证书内容不仅包含对钻石颜色级别、净度级别、切工级别及荧光强度等级的描述，还增加了贵金属检测内容，简洁易懂，一目了然。

不同机构出具的钻石证书各具特色，GIA证书权威客观，IGI证书对于钻石切工信息描述精准，HRD证书对于彩钻颜色等级的描述独具特色，NGTC证书通俗易懂。证书是钻石的身份象征，真假好坏一目了然。读懂钻石证书，如同具备一双慧眼，细心挑选，总会找到你的专属钻石。

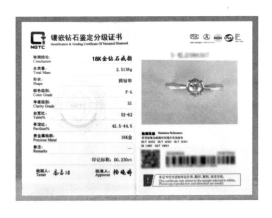

图60-6　NGTC镶嵌钻石分级证书
张陈圣文供图

61. "鸽血红"专属于哪种宝石?

众所周知,钻石的4C决定了钻石的品质,并以同等重要的程度影响着钻石的价格,而在彩色宝石的评价中,也存在着与钻石4C有异曲同工之妙的评价要素,即彩色宝石的颜色、净度、切工、火彩、尺寸及产地。通常颜色鲜艳、净度高、切工好、火彩强、尺寸大的彩色宝石价格更高,但当宝石有特殊光学效应时,特殊光学效应也会影响彩色宝石的价格。在众多影响因素中,颜色在彩色宝石的评价中起着举足轻重的作用,影响程度甚至超过50%,因此在彩色宝石中诞生了诸多颜色品种的特征名词,其中,"鸽血红"便是在彩宝市场中广为流传且颇受尊崇的宝石品种。

鲜艳、浓郁、璀璨,似"流动血液"般的"鸽血红"美得高调肆意、摄人心魄。如此魅力,让人好奇,这热烈奔放的"鸽血红"是什么宝石品种呢?实际上,"鸽血红"专属于红宝石家族,是红宝石中的佼佼者。

在红宝石中,颜色品质最高者被誉为"鸽血红"色。所谓鸽血红色是一种颜色饱和度较高的纯正红色,不偏棕,不偏蓝,可微带紫色调,紫外荧光下必须呈现强荧光。"鸽血红"一名最早起源于缅甸抹谷矿区,当地有一种鸽子,眼睛的颜色鲜红如血,于是当地的商人就将颜色与鸽子眼睛接近的红宝石归类为"鸽血红"红宝石,用来描述极品缅甸红宝石。

缅甸的红宝石在国际珠宝市场上有着重要的地位,主要产于抹谷和孟苏两个矿区,但由于缅甸红宝石产量逐年减少,现在市场上多见的"鸽血红"红宝石主要产自莫桑比克。莫桑比克"鸽血红"红宝石颜色多为正红色,少部分带有紫色调和橙色调,与缅甸红宝石常常有裂隙不同,大部分莫桑比克红宝石少裂,通常为肉眼干净的玻璃体,以其浓郁的红色和高净度受到市场的广泛青睐。莫桑比克是一个新兴的红宝石产地,自2008年起珠宝市场中才开始出现产于莫桑比克的红

图61-1 缅甸"鸽血红"红宝石戒指，姜雪冬供图

宝石，但如今，莫桑比克红宝石在全球红宝石市场中占有重要份额，扮演着举足轻重的角色。

除了缅甸和莫桑比克，泰国、斯里兰卡也是世界上重要的红蓝宝石产出国。斯里兰卡红宝石以透明度高、颜色柔和而闻名于世，颜色比其他产地更多姿多彩，它几乎包括浅红至红色的一系列中间过渡颜色，其低档品多为粉红色、浅棕红色，高档品为"樱桃红"色，也有人称为"水红"色；泰国红宝石的颜色较深，透明度较低，多呈浅棕红色至暗红色。

"鸽血红"一词道尽了这世上最珍稀罕有、壮美非凡的瑰丽红宝石，以前的"鸽血红"红宝石特指缅甸产出的极品红宝石，而现在"鸽血红"更多的是强调一种纯正的红色，似乎已然丧失了产地意义，但在当前珠宝市场中，仍以缅甸产出的"鸽血红"红宝石为最佳。

图61-2 莫桑比克"鸽血红"红宝石戒指，劳德珠宝供图

62."皇家蓝""矢车菊蓝"专属于哪种宝石?

如果说"鸽血红"红宝石是红宝石中佼佼者,那么"矢车菊蓝"蓝宝石和"皇家蓝"蓝宝石则是蓝宝石中的代表。

"矢车菊蓝"蓝宝石是一种独特的蓝宝石,它的蓝色是一种朦胧的略带紫色调的蓝色,具有天鹅绒般的外观,一直被誉为蓝宝石中的极品。产自印度克什米尔地区的更是"矢车菊蓝"蓝宝石中的极品,产量甚少,在目前珠宝市场上已不多见,但在拍卖场上却从不缺席。除了克什米尔外,在斯里兰卡、马达加斯加、缅甸等地也都有极少量的"矢车菊蓝"蓝宝石产出。无论是哪个产地的"矢车菊蓝"蓝宝石,能被认证为"矢车菊蓝",就是对其颜色价值最佳证明。

图62-1 克什米尔"矢车菊蓝"蓝宝石。吴翠文供图

"皇家蓝"蓝宝石是蓝宝石中的贵族,主要产于缅甸、斯里兰卡和马达加斯加。"皇家蓝"蓝宝石呈现出的是浓郁而微微偏紫的蓝,它的饱和度极高,颜色鲜艳又明亮,被光线扫过时闪现出气场十足的火彩。英国女王伊丽莎白二世就有一枚产自缅甸的硕大的"皇家蓝"蓝宝石胸针,在许多重要场合,女王都会佩戴它以彰显王室魅力。

"矢车菊蓝"柔和、饱满、鲜艳明

图62-2 缅甸"皇家蓝"蓝宝石戒指。姜雪冬供图

图62-3 斯里兰卡"皇家蓝"蓝宝石戒指，姜雪冬供图

亮，"皇家蓝"稳重、深沉、华丽高贵，二者各具特色，珠宝爱好者们选购时可结合自身的性格特点、着装风格、偏爱颜色等方面综合考量，从而找到自己的心之所向。

63. 为什么祖母绿需要"浸油"？

在祖母绿的质量评价中，我们时常听到有人询问祖母绿的油量为多少，那么何为"油量"呢？"油量"实际上指的是祖母绿浸油的程度。祖母绿浸油由来已久，自开采之日起，大家就发现它与生俱来的多瑕、多裂的"坏秉性"了，但面对如此娇艳诱人的绿色，人们自然无法舍弃。经过长时间的探索，人们偶然发现浸油后的祖母绿不仅变得更加鲜亮，在切磨时还能有效减少碎裂。于是，此后矿工开采祖母绿时便将其及时浸在随身携带的油罐里，以保护祖母绿，降低其在运输中发生碎裂损坏的程度。

用以防止祖母绿碎裂的油通常为各种植物油、矿物油、肉桂油及石蜡、雪松油等无色油，祖母绿多裂，浸无色油是对祖母绿最有效的保护手段，也是国际宝石界公认的无损其天然性的优化方式。随着科学技术的发展，为进一步改善祖母绿的颜色和净度，逐渐衍生出了注有色油、树脂充填等处理手段。与浸无色油相比，后两者性质大为不同，最重要的一点是，浸无色油属于目前已被人们广泛接受的优化范畴，而注有色油和树脂充填处理目前仍不被市场所接受，对祖母绿的价格有较大影响。

（1）浸无色油处理（净度优化）

浸无色油的祖母绿极为普遍，目前已得到国际珠宝界和消费者的认可，属于优化。这种方法没有改变祖母绿本身的颜色，油的作用主要是掩盖已有的裂隙或空洞，提高宝石的透明度和亮度。

（2）注有色油处理（处理）

注有色油的目的是为了增色，以改善或改变祖母绿的颜色，使其看起来更加浓郁鲜艳，属于处理。

图63-1　祖母绿戒指（无油），姜雪冬供图

（3）树脂充填处理（处理）

树脂充填能够改善祖母绿净度，将其内部显而易见的包裹体变为难以觉察的包裹体，该种方法属于处理。

祖母绿浸油的目的是减少裂隙的明显度以提高净度的观感，浸油程度能够反映出祖母绿裂隙的发育程度，与祖母绿的品质和价格紧密相连。国外GRS证书对祖母绿浸油有一个细致的划分。对浸油量的多少会给出None(无)、Insignificant（极微量）、Minor（微量）、Moderate（中度）、Prominent（明显）、Significant（重度）共6个等级划分。另外，中国国家珠宝玉石质量监督检验中心针对祖母绿也出台了与国际接轨的检测标准，根据浸油量的多少，在备注中会标注"经净度改善""净度轻度改善""净度中度改善""净度重度改善"。

对于多裂的祖母绿来说，浸油是避免不了的，并且贯穿在整个开采至销售的过程中，浸油是对祖母绿最有效的保护手段，也是国际宝石界公认的无损害其天然性的优化手段。净度越好的祖母绿，浸油量就越少，因为没有缝隙可以让油进去，在选购时不要对浸油祖母绿有偏见，因为无油祖母绿实在是少之又少，在拍卖行的价格也是高不可攀的。

图63-2　祖母绿裸石（极微油）

图63-3　祖母绿裸石（微油）

図64-1　沙弗莱戒指

64. 你知道酷似祖母绿的石榴石吗?

谈及绿色宝石，祖母绿可谓赫赫有名，作为名贵宝石，它享受着人们的钟爱，是王室贵胄的心头所好，是华丽典雅的代名词。而近几年有一种绿色宝石脱颖而出，产出时间只有短短的几十年，却靠"颜值"和"实力"打下了一片江山，成了绿色宝石中的新贵，它就是沙弗莱。

沙弗莱，属于石榴石家族，学名为铬钒钙铝榴石，听这个名字就知道，它含有铬离子和钒离子，而祖母绿美丽柔和的绿色也是因为这两种离子的存在，所以沙弗莱和祖母绿的颜色主色调是极为相近的。沙弗莱的绿色多带有黄色调，娇艳欲滴。祖母绿的绿色则偏黄、偏蓝色调均有，更为端庄含蓄。沙弗莱在净度上则比祖母绿要优秀得多，内部更为干净，不会出现大

图64-2　祖母绿戒指
姜雪冬供图

量包裹体和裂隙，其亮度和火彩都要比祖母绿亮眼一些。

沙弗莱的发现与命名同一位著名的宝石"星探"有着密切的关系。20世纪60年代末，知名宝石学家坎贝尔·布里奇斯（Campbell Bridges）在非洲肯尼亚Tsavo国家公园里发现了它。1974年，在聘请坎贝尔·布里奇斯担当顾问后，美国珠宝品牌蒂芙尼公司将这种璀璨的绿色宝石命名为Tsavorite，以纪念这份机遇，音译为"沙弗莱"，在当地土语中意为"随我来"。无数宝石徘徊在高级珠宝的门槛前，而沙弗莱却仿佛生来就将成为聚光灯的焦点，蒂芙尼为这位来自非洲旷野的"沙弗莱小姐"精心策划了在社交舞台的精彩亮相，在纽约第五大道旗舰店举办了一场"成人礼"，正式将其介绍给世界。

沙弗莱作为石榴石家族中一股"清流"，被发现的历史不到50年，其独有的野性魅力却让人沉醉。

65. "卢比莱"和"帕拉伊巴"为何能在碧玺里拥有姓名？

对于碧玺，我们通常以颜色来进行区分与称呼，如红碧玺、蓝碧玺、绿碧玺、黄碧玺等，但是碧玺大家族中有两个特例——"卢比莱"与"帕拉伊巴"，在诸多碧玺中拥有自己的姓名。同"鸽血红""矢车菊蓝""皇家蓝"一样，拥有专属姓名的宝石品种往往价值更高，"卢比莱"和"帕拉伊巴"也是如此，它们凭借其与众不同的魅力在碧玺家族中身居高位。那么它们究竟有何特质能够在七彩的碧玺家族脱颖而出，并揽获一众消费者的"芳心"呢？

（1）卢比莱碧玺

"卢比莱"是"Rubellite"的音译，寓意为Ruby like——"像红宝石一般的"。苏联矿物学、宝石学的奠基人Alexander Fersman

在他的书中对一种特殊的红色碧玺这样写道:"我一直对树莓或葡萄般颜色的红碧玺有着至高无上的敬意。"在这之前,人们对这种特殊的红碧玺是尚未知悉的,但是它不亚于红宝石的优质颜色,使得它成了红宝石的"完美平替"。

并不是所有红色碧玺都是"卢比莱",红色碧玺为粉红色至红色碧玺的总称,有较宽泛的色调范围,包括紫红、玫瑰红、红、桃红、粉红色等,只有其中有着浓艳明亮的红色的佼佼者可以冠名为"卢比莱"。

图65-1 卢比莱碧玺戒指

(2)帕拉伊巴碧玺

1989年,在巴西东北部的帕拉伊巴州,一位矿工发现了一颗异常明亮的湖水般蓝色的晶体,这是它的首次问世。对于此种在碧玺中不常见的颜色,人们决定赋予它一个新名字——"帕拉伊巴"。

之前的帕拉伊巴碧玺还具有产地的含义,而现在的帕拉伊巴碧玺是指因含有较高的铜元素和锰元素而呈蓝色(电光蓝、霓虹蓝、紫蓝色)、蓝绿色到绿蓝色或绿色的、呈现中等到高饱和色调的电气石,已不具产地意义。

图65-2 卢比莱碧玺链牌
(22.79 ct),劳德珠宝供图

"一种碧玺复刻了红宝石的美貌,其颜值和价值不亚于红宝石",这是最常被用来描述卢比莱碧玺的句子,其珍贵性、高价值可见一斑。而帕拉伊巴碧玺就像是

图65-3 霓虹蓝色帕拉伊巴碧玺戒指

图65-4　绿蓝色帕拉伊巴碧玺胸针
Olympe Liu设计工作室供图

聚集了父母最强大基因的美人，最妙的不是含有什么元素，而是两种元素的组合让它呈现出只能被瞻仰、无法被模仿的超高颜值。在五彩缤纷的碧玺家族中，"卢比莱"和"帕拉伊巴"凭借着自身耀眼美丽的颜色俘获了无数珠宝爱好者的芳心，是碧玺家族中的热门成员。

66. 与"帕拉伊巴"同姓氏的"帕帕拉恰"也是碧玺吗？

"帕帕拉恰""帕拉伊巴"，两个如此相似的名字，听起来像是有亲戚关系，市场中也经常会把这两个名字弄混，那它们属于同一家族吗？

相信根据之前的介绍，大家已经清楚"帕拉伊巴"是一种蓝色（电光蓝、霓虹蓝、紫蓝色）、蓝绿色到绿蓝色或绿色的碧玺。"帕帕拉恰"作为近年来的热门宝石之一，很多品牌也将它运用在首饰中，实际上"帕帕拉恰"是我们前面提到过的彩色蓝宝石中的一员。"帕帕拉恰"一名是根据"Padparadscha"这个词音译而来，也有"帕德玛"之称，意为黄昏下的莲花。斯里兰卡是"帕帕拉恰"的主要产地。近年来，"帕帕拉恰"在马达加斯加、坦桑尼亚、越南和非洲也有所发现，但是似乎只有产自斯里兰卡的"帕帕拉恰"才能真正称得上血统纯正的"帕帕拉恰"。

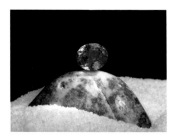

图66-1 "帕帕拉恰"裸石（3.26 ct），劳德珠宝供图

"帕帕拉恰"之所以能够成为斯里兰卡地区的至宝，原因在于它所特有的颜色——粉橙色。理想的"帕帕拉恰"颜色为50%的粉色加上50%的橙色，而一般情况下，粉色或橙色在整粒宝石的颜色中需占到30%～70%，而且没有其他杂色的才可称为"帕帕拉恰"。两种颜色你中有我，我中有你，缺一不可，相得益彰。"帕帕拉恰"好似夏日余晖中波光粼粼的湖面上盛放的一朵莲花，开得不疾不徐，美得不争芳，淡然无极而又熠熠生辉，所以又被称为"莲花刚玉"。

"帕帕拉恰"和"帕拉伊巴"只是名字相近，容易混淆，但是两者并没有任何的亲戚关系，分属于蓝宝石和碧玺两个宝石种类，二者的宝石学性质也存在着较大差异，比如在折射率和密度上均不相同。"帕帕拉恰"和"帕拉伊巴"这两种名字相似却分属两个家族的宝石，都拥有着不同凡响的美丽，并用这份独有的魅力装点着珠宝世界。

图66-2 "帕帕拉恰"项坠 Olympe Liu设计工作室供图

67. 近期市场上热捧的"绝地武士"是什么宝石?

提及《星球大战》,你的脑海里会浮现出哪些画面?是勇敢的天行者,还是炫酷的霓虹光剑?一部电影让我们见识到了绝地武士的强大,而在宝石界,也有一名"绝地武士",从默默无闻到崭露头角,它的经历似乎复刻了绝地武士的成长过程。我们不禁好奇,这有着极大的收藏潜力的"绝地武士"究竟是何种宝石?

2002年,"绝地武士"一名首次出现在宝石界,令人惊讶的是,它竟与为方便交流而创造的一个"暗号"有关。当时,美国宝石学院(GIA)宝石学家Vincent Pardieu与时任亚洲宝石学院(AIGS)总裁Mr.Henry Ho一起前往缅甸寻找大克拉高品质的尖晶石。为了能够从缅甸宝石商手中以合理的价格获得宝石,Mr.Henry Ho决定隐藏身份,并佯装成对所有宝石都不感兴趣的样子,而Vincent Pardieu则负责仔细检查每颗宝石,确保其天然性。为了能够准确传递购买欲望并不被宝石商察觉,两人便创造了一个所谓的"代码暗号",Mr.Henry Ho喜欢明亮的宝石,于是《星球大战》的台词"小心提防黑暗面"便成了他们的交流暗号。最终,他们决定以《星球大战》中的"绝地武士"命名这些苦苦寻找到的霓虹粉色尖晶石,因为这些如糖果般漂亮的尖晶石确实没有受到黑暗面的染指,仿佛隐藏了一团火焰,明亮绚丽。

"绝地武士"是尖晶石,但并非所有的尖晶石都可以被称为"绝地武士",它不仅仅是一个颜色的代码,还是多因素影响下的高品质尖晶石。"绝地武士"尖晶石指的是颜色为中等至高饱和度的红色、粉红色至橙红色、红粉色,且不含棕色、黑色调,颜色分布均匀的天然刻面尖晶石。除颜色外,"绝地武士"尖晶石还对净度、切工、荧光及产地有很高的要求。天然尖晶石不可避免地含有包裹体,"绝地武士"则要求内含物肉眼不可见,不能对其美感产生负面影响;"绝地武士"对切工要求也很高,需切工优良,不漏光,无暗域;而在荧光方面，"绝地武士"需具备强烈的荧光，以此成就其独有的霓虹感。目前，已探明的"绝地武士"的产出矿区分别位于缅甸抹谷、纳米亚、曼辛，因此，就目前市场情况而言，"绝地武士"的产地仅有缅甸。

不可否认，"绝地武士"的确以其独有的艳丽粉色取胜，虽然目前并没有针对其颜色进行定量化的确定标准，但可以肯定的是，单纯的艳粉色尖晶石并不能被称为"绝地武士"。在宝石实验室发布的鉴定报告中，"绝地武士"所拥有的色彩被描述为"充满活力的粉调红色"，有时也称为"霓虹粉"和"热粉色"，当红粉或粉红色加上微微的橙色调，这种特殊的颜色绝无仅有，令人惊叹。

即便是天生只能形成较小的颗粒，"绝地武士"尖晶石也拥有着巨大的能量，难掩自身耀眼的光芒。独特而又鲜艳的明亮霓虹感、电光感的粉调红色，如一团明亮的火焰呼之欲出，这无与伦比的"绝地武士"一旦入眼，便令人挪不开目光。

图67-1　"绝地武士"尖晶石

图67-2　热粉色"绝地武士"尖晶石

图67-3　"绝地武士"尖晶石戒指
"艾洛公主"
Olympe Liu设计工作室供图

164

68. 晕彩拉长石就是月光石吗？

拉长石中最重要的品种是晕彩拉长石。拉长石的特有现象是当把宝石转到一定的角度时，可以看到整块宝石变亮，呈现出蓝色、绿色、橙色、黄色以及红色的晕彩，这种现象也称为晕彩效应。

拉长石的宝石品种可大致分为以下三类：不透明的拉长石、有暗色包体的透明拉长石和无色透明拉长石。无色透明拉长石是市场上的新品种，近于无色，完全透明，外观酷似月光石，极易与月光石混淆，其内部尽管没有暗色包裹体，但并不洁净，常有"棉絮"状微裂隙，使得整体颜色有些偏灰。

若无色透明拉长石具有多种晕彩色，在市场上常常被称为"彩虹月光石"，但如若无色透明拉长石只具有蓝色调的晕彩色，在市场上则常被伪装成"月光石"。其实月光石与拉长石有较大的差别，月光石乳光的颜色是由"月光效应"产生的，而拉长石的颜色则是由"晕彩效应"产生的。

晕彩效应能同时呈现多种颜色的变幻，给拉长石穿上了美丽的外衣，这种不同于其他宝石的特殊光学效应欺骗了很多人的眼睛，有时会被误认为月光效应，大家在选购的时候要擦亮双眼，细细体会这两种光学效应的不同。

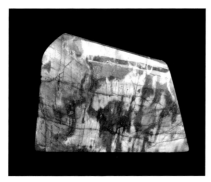

图68-1　拉长石原石

图68-2　冰种拉长石

69. 你能识别出人工合成的星光宝石吗?

人们对于宝石的探索和研究从未停止，随着科学技术的发展，人们认识到了特殊光学效应形成的原理，于是开始尝试人工制造，成功了吗？是的，人们不仅研发探索出了合成和仿制宝石的各种方法，就连合成拥有特殊光学效应的宝石也是"小菜一碟"，其中以合成星光宝石最具代表性。

图69-1　星光蓝宝石
吴翠文供图

星光宝石多出现在红宝石和蓝宝石中，合成星光技术出现后，珠宝市场中便出现了人工合成的星光红宝石和星光蓝宝石。这种特殊光学效应虽能人工仿制，但与天然形成的星光效应仍有很大区别，只需细细端详，便能发现其中端倪。

天然星光红、蓝宝石和合成星光红、蓝宝石主要从星线进行区分。天然星光

图69-2　合成星光蓝宝石

166

红、蓝宝石的星线从内部深处发出，可不连续，星线交汇处有加宽加亮现象，即星线粗细不太一致，星线中间粗两端细，俗称"有光有辉"，星光表现得自然、灵活；合成星光红、蓝宝石的星线粗细均匀，星线交汇处无加宽加亮现象，俗称"有光无辉"，星光浮于表层，呆板不自然。

宝石拥有特殊光学效应不代表宝石就是天然的，毕竟现在的合成、仿制技术越来越发达，合成或仿制拥有特殊光学效应的宝石非常容易，所以还是不能掉以轻心，在购买时需多一分谨慎。

天空繁星点点，远处灯塔闪烁，夜晚中的灯光似繁星，但终究不是繁星。同样，人工合成的星光宝石虽有着和天然星光宝石极为相似的外观，但两者说到底还是有所不同的，您知道如何识别了吗？

70. 你见过人造的"玻璃猫眼"吗？

珠宝的世界，仿制品并不难见。在众多的仿制品中，玻璃是一个不得不提的名字。玻璃的强大在于它几乎可以冒充任何一种宝石，如果不了解玻璃仿制宝石的特征，那就很容易被它欺骗。

较为常见的玻璃仿宝石中就有"玻璃猫眼"的大名，"玻璃猫眼"是指具有猫眼效应的人造玻璃宝石，在市场上很常见。"玻璃猫眼"由平行的玻璃纤维产生猫眼效应，眼线较细，且清晰、平直，非常明显。此外，"玻璃猫眼"可以有各种各样的颜色，大多为鲜艳的红、绿、蓝、黄、橙、紫或白色，颜色多样，造型百变，但价格相对低廉。

虽然多数"玻璃猫眼"与自然界天然形成的具有猫眼效应的宝石颜色大为不同，但有些黄褐色"玻璃猫眼"的颜色与金绿宝石猫眼、石英猫眼的颜色十分相似，因此从颜色上无法进行区分。但是，"玻璃猫眼"有一个诊断性特征，这是它与天然猫眼根本的不同，那就是"蜂窝状结构"。蜂窝状结构，顾名思义，与蜂窝的形态极为相似，只是有些角度会有一些变形，想看到这个诊断性特征也很容易，用放大镜观察其侧面便可发现。

图70-1　玻璃猫眼

　　小小的玻璃竟成为"无处不在、无所不仿"的宝石替身，它甚至强大到能够仿制出自然赋予的奇妙美丽——猫眼效应。识别人造的"玻璃猫眼"并不困难，只要记住上面描述的不同就可以了，你学会了吗？

图70-2　玻璃猫眼蜂窝状结构
卢思语摄影

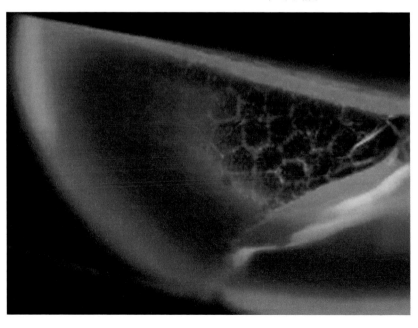

71. 你能识别拼合欧泊吗？

图71-1 拼合欧泊
LUCKY WORLD PTYLTD供图

图71-2 欧泊二层石
LUCKY WORLD PTYLTD供图

图71-3 欧泊三层石
LUCKY WORLD PTYLTD供图

欧泊，这一神奇美丽的宝石，正用它那无法抗拒的魅力吸引着越来越多珠宝爱好者的目光，在澳大利亚的零售珠宝市场，有大批的欧泊等待着被挑选。然而，你常常会看到这样一个现象，在欧泊原产地的珠宝市场中，人工拼合欧泊的数量竟然多于天然欧泊。为什么会出现这种情况，大量出现的拼合欧泊又该如何识别？

自然界产出的欧泊大多生长在岩石裂缝中，呈细脉状，因此欧泊层都非常薄且易碎。有很大一部分欧泊不能作为宝石进行雕琢、镶嵌，但是由于欧泊美丽稀少，人们不愿意放弃任何一块拥有变彩的欧泊，拼合就成了欧泊处理的常用方法，所以即使是在欧泊原产地的珠宝市场中，拼合欧泊的身影也随处可见。

常见的拼合欧泊为欧泊二层石和三层石，"二层石"也称"双拼欧泊"，"三层石"也称"三明治欧泊"。"二层石"的制作方法通常是将切割好的欧泊薄片用深色胶黏合在暗色或黑色的基底上，基底材料可以是深色的黑玻璃、玉髓或者劣质欧泊，目前最常见的是用铁矿石作为双拼欧泊的背景材料；"三明治欧泊"则是由最上面的透明圆顶（水晶或者亚克力等透明材料）和下面的衬底（通常是黑色的塑

169

料片），中间夹一层欧泊薄片制成，也就是说多数只有中间最薄的那层是欧泊，薄如蝉翼呈透明状，欧泊原本的色彩便在深色底衬和上面透明弧形圆顶的衬托下被放大显现出来，出现如黑欧泊般的变彩效果。

未经镶嵌的拼合欧泊裸石易于识别，在其侧面能够观察到清晰可辨的两种或三种不同质地和颜色的材料层，拼接缝明显。对于已经镶嵌好的欧泊，由于侧面的接缝处被包住，鉴别起来就有一定的难度。相对而言，镶嵌后的三层拼合欧泊比较容易判别，因为"三层石"表面的材料不是欧泊，加之最上面的圆顶为透明材质没有色彩。只是要警惕部分做工非常好的"三层石"，这些"三层石"的圆顶做得非常薄，要仔细观察。

欧泊绚烂的七彩光芒恍如梦境一般，然而这份美丽总归是稀少的，拼合欧泊的存在就是在尽可能保留、改造这份美好。即便如此，拼合欧泊的价格仍远远比不上天然欧泊，消费者在购买时要擦亮双眼。

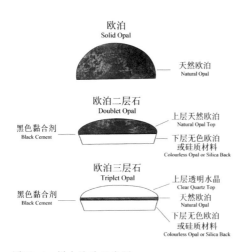

图71-4　拼合欧泊示意图
LUCKY WORLD PTYLTD供图

图71-5　欧泊三层石
LUCKY WORLD PTYLTD供图

72. 为什么不同的欧泊价格差异如此之大？

图72-1 欧泊项坠，赵何膺供图

图72-2 澳大利亚闪电岭黑欧泊
LUCKY WORLD PTYLTD供图

图72-3 白欧泊

欧泊，这个"大自然的调色盘"总能带给人不一样的惊喜，高品质的欧泊观赏面可以看到五彩缤纷、浑然一体的变彩，缥缈奇幻，与众不同。然而同样是欧泊，却存在着很大的价格差异，这是为什么呢？

由于欧泊有着不同的类型、产地等，所以它们的价值肯定也是不一样的。欧泊最主要的特征是变彩效应，并且其体色丰富多样，因此，评价欧泊时，应将变彩效应和体色作为评价的主要因素，并结合不同品种欧泊的个性特点进行综合评价。高质量的欧泊变彩均匀完全，无变彩的部分越少越好。变彩的颜色可以是单一色，也可以是组合色，颜色越丰富，价值越高。等级最好的变彩是六色或七色的彩虹光，其次为具有四至五种变彩的五彩光，而具有二至三种变彩色的则相对常见。变彩的明亮程度也是影响欧泊价值的重要因素，通常以高明亮度的变彩为佳。具变彩效应的欧泊，体色以深色为佳，浅色次之，目前市场上以最能凸显变彩效应的黑欧泊为上品。对于无变彩的火欧泊，其体色按照红、橙红、橙黄的颜色顺序，价值依次降低。

除变彩和体色外，净度、切工、尺寸大小同样也是欧泊的评价要素。欧泊内部不应有过多裂纹和其他杂色包裹体，否则会影响其外观和耐久性。首先，净度对火欧泊的评价尤为重要，优质的火欧泊内部无瑕且完全透明。其次，优质的欧泊需要精良的切工来体现宝石的最佳美感。除火欧泊既可被切磨成刻面型，又可加工为弧面型外，其他欧泊常切磨成弧面型，部分欧泊为了保重也可切磨为随型。此外，自然界中大尺寸的欧泊很难形成，因此，同等品级的欧泊尺寸越大，其价值越高。

图72-4　火欧泊戒指

需要特别注意的是，对于特定的欧泊种类，产地也是影响欧泊价值的一个重要因素。澳洲的欧泊一般比非洲的欧泊价格高，因为非洲的欧泊大部分会失水，最终失去颜色。另外，同一产地欧泊的亮度也非常重要，亮度高的欧泊颜色相应也更好，价格也就越高。

欧泊的价格依赖于众多的因素，包括变彩、体色、净度、切工、尺寸大小、产地、明亮度等，各因素相互影响，共同决定了欧泊的真实价值。好的欧泊展现了大自然的创造力，能够带我们走进一个七彩的奇幻世界，这种美丽也并非昙花一现，它将陪伴你走过蹉跎岁月，迎接美好未来。

图72-5　火欧泊吊坠

73. 你会解读彩色宝石鉴定证书吗？

近年来，三大名贵彩色宝石成为珠宝收藏投资的热门选手，不仅频频出现在各大拍卖会场，更是在普通珠宝市场中占领了一片天地，越来越多的消费者有意向选购高品质的名贵彩宝，然而，如何准确判断心仪彩宝的真假和品质就成了一大难事。众所周知，影响彩色宝石价值的因素颇多，失之毫厘，差之千里，为方便彩色宝石的市场流通，解决消费者的购买难题，各大鉴定机构根据各自的评级标准出具相关鉴定证书。与钻石一样，三大名贵彩色宝石（红宝石、蓝宝石、祖母绿）也拥有了"身份证"，专业权威的彩色宝石鉴定证书成了购买名贵彩宝的首要条件。如今市场上较为常见的彩色宝石证书都有哪些，又该如何解读？

图73-1　GRS彩色宝石鉴定证书

图73-2　SSEF彩色宝石鉴定证书

图73-3　AIGS彩色宝石鉴定证书　　　　图73-4　GUILD彩色宝石鉴定证书

　　目前珠宝市场中常见的彩色宝石证书主要来自瑞士宝石研究鉴定所（GRS）、瑞士宝石学院附属研究所（SSEF）、瑞士古柏林宝石实验室（GUBELIN）、亚洲宝石学院（AIGS）以及吉尔德宝石实验室（GUILD），各机构出具的鉴定证书所包含的内容大致相同，主要包含样品照片、证书编号（Report Number/Report No./No.）、出证日期（Date）等基本信息以及检测对象（Object/Item）、鉴定结果（Identification/Variety）、矿物种属（Species）、样品重量（Weight）、尺寸（Dimensions/Measurements）、形状（Shape）、切工（Cut）、颜色（Color）、备注（Comment）、产地（Origin）等详细信息。此外，各机构鉴定证书还提供认证签名、全息防伪图、查询条码等防伪标志。

　　（1）检测对象（Object/Item）：对检测物品（裸石、戒指、项链）进行数量、外观的描述。检测对象以裸石居多，详细描述多为One faceted gemstone（一颗刻面宝石）、One polished gemstone（一颗抛光宝石）。

　　（2）鉴定结果（Identification/Variety）：标注宝石的种类及其是否天然，详细描述如Nature ruby（天然红宝石）、Synthetic ruby（合成红宝石）。

　　（3）形状（Shape）：标注宝石琢型，主要包括Oval（椭圆形琢型）、Cushion（垫形琢型）、Round（圆形琢型）、Pear（梨形琢型）、Marquise（马眼形琢型）、Heart（心形琢型）、Square（公主方形琢型）、Triangle（三角形琢型）、Octagonal（祖母绿型）等常见琢型。

（4）切工（Cut）：标注宝石切磨样式，如Brilliant（明亮式切割）、Step（阶梯式切割）、Modified Brilliant（改进明亮式切割）、Cabochon（凸圆面切割）。

（5）颜色（Color）：对样品的颜色等级进行描述，包括Pastel（淡色的）、Intense（深色的）、Vivid（鲜艳的）等。此外，部分证书会标注一些特有颜色名称，如Pigeon's Blood（鸽血红）、Cornflower Blue（矢车菊蓝）、Royal Blue（皇家蓝）等。

（6）备注（Comment）：备注中包含了宝石是否经过优化处理以及优化处理强度，GRS证书中以字母进行表示：A代表无热处理或优化处理迹象（No indication of thermal freatment）；E代表优化处理（Enhanced），包括加热后净度和/或颜色之优化，愈合裂隙及洞痕处可含微量外来残留物，视为永久性处理；H代表热处理无残留物，视为永久性处理，只经过简单热处理（Heated），而未被注色；H（a/b/c/d/Be）代表新烧，其中H（a～d）均为填充，H（Be）为铍扩散；CE代表净度优化（Clarity Enhancement）；CE(O)代表浸油（净度优化）处理；C代表镀膜处理（Coating）；D代表染色处理（Dyeing）；O代表浸油处理（Oil），包括有色或无色油以及类似环氧树脂和蜡状物质；R代表辐照处理（Irradiation）；U代表表层热扩散处理（Diffusion）。

不同鉴定机构给出的彩色宝石鉴定证书虽略有不同，但都是针对彩色宝石的真假和属性出具的公信证明，更是其身份象征。了解证书内容能够更好地帮助我们挑选并购买到心仪的彩色宝石，避免认错宝石、买到"假货"。

74. 购买翡翠首饰时，应该如何挑选？

众所周知，优质翡翠名贵而稀有。中华民族有着浓厚的玉文化情结，作为"玉石之王"的翡翠一直受到广大消费者的追捧与青睐，其价格在近年来也是一再暴涨。因此，从小商品批发市场、旅游市场、珠宝专业批发市场、品牌专营店到大型商场和购物中心，翡翠的身影随处可见。

图74-1　精品翡翠项链

市场上的翡翠品种繁多，但并非所有的翡翠都具有收藏价值，加之各种处理翡翠在市场上屡见不鲜，因此消费者在选购时一定要擦亮眼睛，正确判断，谨慎选择，才能买到物有所值的翡翠。购买翡翠制品时，除对其颜色、结构、透明度、净度、切工、重量六个方面综合评价，即行业中常提及的"种""水""色""地""工"等方面外，还需针对诸多方面进行考量。

投资收藏翡翠，应以A货为首选。以投资收藏为目的的消费者，应遵循宁缺毋滥的原则，参照翡翠的六个质量评价要素，选购时应以价位合理、品质优良的A货翡翠为首选。

选购时应在明亮的自然光下观察翡翠的颜色。翡翠有着"色差一等，价差十倍"的说法，说明其颜色对价格的影响非常大。对于高档翡翠而言，色差一等，价差甚至不止十倍。俗话说"月下美人灯下玉"，灯光下观察到的翡翠颜色不够真实，晴天自然光线充足的室外是观察翡翠颜色的首选环境。

观察翡翠的种水要注意成品的厚度。翡翠的透明度与其厚度密切相关。消费者在选购翡翠时，不仅要认真观察质地的细腻程度、内部瑕疵的多少，还要考虑到成品的厚度与透明度之间的关系。成品过薄，透明度会显得很高，消费者需正确判断。

根据自己的需求正确选购翡翠饰品。翡翠饰品种类繁多，有手镯、戒指、项链、挂件、手把件、摆件等。通常优质的翡翠手镯和戒指的价位较高，也是投资收藏的首选饰品。这是因为用于制作手镯和戒面的玉料是整块玉料的精华部分，多数质地细腻，瑕疵少，精品多。当然，手镯

图74-2　精品翡翠戒指

图74-3　精品翡翠手镯

177

和戒指也有种水不好、颜色差的材质，甚至还会存在绺裂，消费者选购时需仔细检查。有绺裂的翡翠价格相对偏低，消费者如果仅用于装饰，则无须过于计较。挂件、手把件和摆件绝大多数都是雕刻产品，因此，此类翡翠饰品的选购除了关注材质的品质外，还要考虑雕刻作品的题材设计的精妙与否和工艺水平的高低。中国传统的玉文化讲究玉雕作品"图必有意，意必吉祥"，要求造型优美、比例适当、雕刻和抛光精细，雕刻技法精湛。通常，翡翠雕工越复杂，越需要注意其纹裂。选购摆件与手把件时，要注重其整体意境与整体雕工，对纹裂的要求通常不高。

图74-4　翡翠手把件《灵芝祥瑞》
张铁成供图

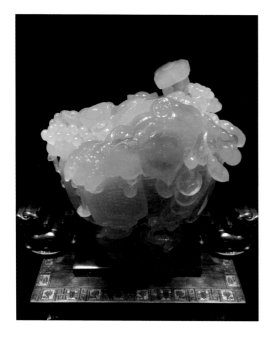

图74-5　翡翠摆件《福禄寿》

178

75. 和田玉都产自新疆和田吗？

历史悠久的和田玉有着多面人生，历史洪流中多次易名，给人们带来了无限遐想。如今的和田玉与新疆和田究竟有着怎样的奇妙缘分？这个大家族真的都诞生于新疆和田吗？

和田玉在中国历史中绵延已久，但"和田玉"一名并非从古至今不变的名称。自古以来，和田玉不断易名，除"和田玉"外，"真玉""昆山玉""昆仑玉""于阗玉"等都曾出现在它的名簿上，中国古代也有"珣玗琪玉""瑶琨玉""球琳玉"等称谓。由此可见，"和田玉"一名其实并不是从古代沿用至今，但可以明确的是，"和田玉"的名称首先始于对"玉"的称谓。在古代，和田玉主要产于神秘的昆仑山山脉，又因和田地区被称为"于阗"，因此便有了"昆山

图75-1 新疆和田白玉籽料牌
《钟馗收妖》
曹扬作品，林子权供图

179

玉""昆仑玉""于阗玉"等名称。这样看来，和田玉曾经的名号与产地有着千丝万缕的关系。后来，康熙时改"于阗"为"和阗"，1959年新中国开展文字简化工作，又将"和阗"改为"和田"，和田玉也因盛产于新疆南部的和田地区而得名"和田玉"。

图75-2 青海"翠青玉""烟青玉"手镯

和田玉虽因地名而得名，但这个大家族并非都诞生于新疆和田地区。根据国家标准《GB/T 16552-2017珠宝玉石名称》，目前全球范围内所有透闪石质玉都可称之为"和田玉"，并非特指新疆和田地区出产的透闪石质玉，因此"和田玉"一名已然失去了产地的特定意义。新疆是我国和田玉的主要产地，但在其他多个省市自治区也有产出，例如青海、辽宁、广西、贵州、甘肃、四川、江苏、湖南、河南、台湾等。此外，世界范围内的俄罗斯、加拿大、新西兰、韩国等也是和田玉的重要产出国，波兰、美国、新加坡、缅甸、马来西亚、澳大利亚、阿联酋等国家也有和田玉产出。在当前市场上，新疆、青海、俄罗斯、韩国这几个产地的和田玉较为常见。

图75-3 俄罗斯和田玉挂件

图75-4 韩国和田玉

新疆和田玉的颜色以白色、青白色、青色为主，一般有油脂光泽，质地细腻，絮状物较少，具温润感、凝重感；青海和田玉的颜色则以白色、青白色、青色为主，略带灰色调，呈弱玻璃光泽至蜡状光泽，质地较细腻，常有细脉状的"水线"，润而不油，水性较重，部分具有特征的翠绿色和烟紫色，被称为"翠青玉"和"烟青玉"；产自俄罗斯的和田玉常呈白色、青白色、绿色，一般有油脂光泽，通常带有黑色的皮色，质地细腻，常见团块状絮状物，油而不润，给人一种"楞白"感；韩国和田玉的颜色以白色为主，普遍带有淡黄色调，常呈弱玻璃光泽至蜡状光泽，可见米粥状的絮状物，细腻度较为一般，且白度较差。

和田玉的产地区分是一件很复杂的事情，真正喜爱和田玉的收藏家们往往会把更多的时间和精力花费在辨别玉质、玉色上，毕竟"英雄不论出处"，玉质好才是王道。

76. 为什么羊脂白玉堪称和田玉中的极品？

提及羊脂白玉，想必大家都不陌生。玉石家族以和田玉为贵，和田玉中又以羊脂白玉为尊。羊脂白玉温润华美、细腻通透、状如凝脂，无论是在质地细腻度、品质纯熟度、外观润泽度，还是颜色纯正度等诸多方面，均属优等上品，"白璧无瑕"可谓名不虚传。

羊脂白玉又称"羊脂玉"，顾名思义就是质地如羊脂一样的玉石。优质和田玉的颜色呈脂白色，质地细腻滋润，油脂性好，是和田白玉中的优质品种。羊脂白玉是带着油脂光泽的纯白玉，在烛光之下的光晕是柔和而微微泛黄的，如同凝脂一般，产量稀少，价值很高。

羊脂白玉质地纯、结构细、水头足、羊脂白、油性重（即细、糯、润、白、油），自古以来就受到人们的重视，是玉中极品，十分珍贵。它不但象征着"仁、义、智、勇、洁"的君子品德，而且象征着"美好、高贵、吉祥、温柔、安谧"的世俗情感。在古代，只有帝王将相才有资格佩戴上等白玉，可见羊脂白玉地位之高。

和田玉有着不同于其他玉石品种的一个特性——油性高，羊脂白玉能够在和田玉中脱颖而出也与其油性有着密不可分的关系。和田玉的油性也叫润泽度，珠宝行业中常说的油性，一般有两个概念：一是视觉上的油润光泽，二是手感上的油润感觉。视觉上的油性，是指和田玉的表面呈现油脂般的光泽。手感上的油性，是指略有阻力的油滑感觉，就像手里握着一坨油，用手一推，便有一种油要化开的感觉。那么和田玉的油性从何而来呢？

具有油性的和田玉，越玩油性越大，越温润明亮，富有层次感。和田玉的"油性"是其晶体结构特征、致密度、表面光洁度等因素共同影响的视觉反应。

和田玉矿物颗粒的大小、形态以及颗粒结合方式都是影响和田玉油性的重要因素。和田玉具有很细小的晶粒，小到根本无法分清其轮廓，犹如毛毡般交织在一起，其横断面往往呈密集小凹坑状，具有最佳的光散射性和抛光时效性，能够获得很高亮度，但绝无玻璃那样的单纯平面反光效果。这就产生了立体感和通透感，并且越玩立体感和

图76-1 和田玉雕件
中国珠宝玉石首饰行业协会
"天工奖"作品

图76-2 和田玉如意
中国珠宝玉石首饰行业协会
"天工奖"作品

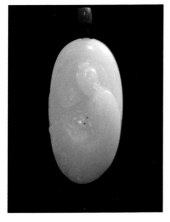

图76-3 羊脂白玉籽料挂件

通透感越强。其实，平时的盘玩也就相当于人体对玉的缓慢抛光，所以和田玉才会越玩越油润。

材料指标的些许改变都会影响玉石的观感，十分微妙。和田玉的油性跟它的玉质结构是息息相关的，包括细度、糯性、致密度等方面，但凡有一个条件达不到就很难有油性的效果出现，而羊脂白玉的那种恰到好处，就构成了它独有的油润感。温润如君子，细腻似春风。

77. 和田玉中的"籽料""山料""山流水"哪个更好？

在和田玉的销售市场中，我们常听到"籽料""山料""山流水"这几个行业术语。那么这三个词都是什么意思呢？实际上，它们代表了和田玉的三种料性，按地质产出状况可将其分为籽料、山料、山流水料和戈壁料。

籽料又称为籽玉、籽儿料等，多分布于河床的中下游，或露于地表，或埋于地下。和田玉籽料的形状多为卵形，块度较小，质地细腻，油糯性足。通常情况下，

图77-1 籽料

在同类玉石之中，籽料的品质比山料更好。与山流水料相比，籽料更加圆润。在所有和田玉中，籽料的品质最好、价值最高，也最受人青睐。

山料又称山玉、碴子玉，产于矿山上的原生玉矿。山料的特点为大小不一，呈棱角状，表面粗糙，断口参差不齐，原石内部的质量难以把握，通常质量不如籽料。山料是各种玉料的母源，也是和田玉的主要来源。

图77-2　山料

山流水料是指原生矿石经过风化崩落，并由流水搬运至河流上中游的玉石。由于山流水料距离原生矿较近，冲刷没有籽料强烈，所以山流水料保留了山料的大致形态和断裂坑，表面会有大大小小的毛孔，质地不如籽料细腻，但因受雨水与河水侵蚀过，棱角被稍稍磨圆，呈次棱角状，表面比山料光滑，可有薄的皮壳。

图77-3　山流水料

戈壁料主要产于沙漠戈壁之上，一般认为是由于河流改道或干涸，形成了戈壁滩，原河道上的山流水料或籽料裸露于地表，经风沙磨砺而成。戈壁料大都可见较深且光滑的麻皮坑或波纹面，硬度较高，并具有很好的油度。

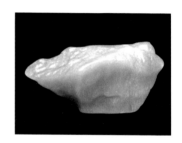

图77-4　戈壁料

78. 如何甄别和田玉？

古往今来，和田玉因其色泽光洁柔美、质地坚韧细腻，符合国人的审美而深得人们的喜爱。近年来，随着和田玉资源的日渐枯竭，各种和田玉的仿制品涌入市场，因此掌握一定的鉴别知识与技巧是很有必要的。

若想准确甄别和田玉与其他相似玉石品种及仿制品，需从宝石学性质入手。和田玉颜色丰富，多为白色、浅至深绿色、黄至褐色、黑色等，呈油脂光泽。市场上与和田玉相似的玉石品种有阿富汗玉、蛇纹石玉、翡翠和石英岩玉，而仿制品则主要为玻璃，虽外观相似，但其宝石学性质存在差异，可帮助鉴定区分。

（1）阿富汗玉：阿富汗玉的颜色较白，与和田玉中的羊脂玉相仿，经过哑光抛光之后也有不错的质感，但其具有条带结构的常见特征，多呈蜡状光泽，可与和

图78-1　和田玉手镯

图78-2　碧玉吊坠

图78-3　阿富汗玉手镯

田玉进行区分。此外，阿富汗玉的相对密度略低于和田玉，手掂发飘，其折射率和硬度也较低，有时甚至能用指甲刮下粉末。

（2）蛇纹石玉：蛇纹石玉颜色多样，可有绿色、黄色、白色、黑色和灰色等。蛇纹石玉多呈均匀细腻的致密块状，透明度较好，呈蜡状光泽至玻璃光泽，用手触摸有滑感，但没有和田玉特有的油润感觉。此外，蛇纹石玉的折射率、相对密度和摩氏硬度均低于和田玉，蛇纹石玉制品的棱角也更趋于圆滑。

图78-4　蛇纹石玉（泰山玉）吊坠

（3）翡翠：与和田玉相比较，翡翠的折射率和相对密度均大于和田玉。肉眼观察，翡翠的表面可见明显的星点状、片状及线状闪光，即"翠性"，而这在和田玉成品或原石上都见不到。另外翡翠的绿色比较鲜艳，且不均匀，而和田玉的绿色则多为暗绿色，颜色比较均匀。

（4）石英岩玉：白色石英岩玉的外观与和田玉最为相似，尤其是将白色石英岩玉局部染色冒充糖白玉或者整体染色仿和田籽料，在市场上较为多见。石英岩玉颗粒细小，质地均匀，放大观察呈粒状结构，半透明至微透明，但光泽为玻璃光泽，强于和田玉。此外，石英岩玉的折射率小于和田玉，相对密度也较小，手掂较轻，其韧性也没有和田玉好，性脆易崩

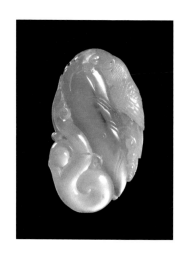

图78-5　翡翠吊坠

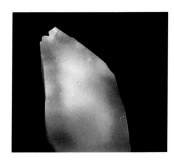

图78-6　石英岩玉局部染色
仿糖白玉

图78-7　玻璃仿白玉

图78-8　玻璃仿碧玉

裂，但摩氏硬度较高。

（5）玻璃：玻璃是市场上最为常见的白玉或碧玉仿制品，俗称"料器"。仿和田玉玻璃多呈半透明状，质地极为均匀纯净，通常可见气泡，小刀能刻动。玻璃表面可见洞穴、流动线纹，断口呈贝壳状。此外，玻璃导热率低，触摸有温感，感觉不如和田玉凉。值得注意的是，市场上最新出现的玻璃仿制品与高档白玉非常相似，半透明至不透明，内部均匀纯净，没有气泡、漩涡纹等特征，而且其硬度较高，小刀刻不动，有一定的油性和温润感，需要格外小心，可通过折射率、相对密度及红外光谱等特征的不同进行区别。

品相完美、价格低廉，是和田玉仿制品的明显特征，但和田玉承载着博大精深的中华玉文化，自有它独到之处。大家在挑选和田玉的时候，需重点观察商品的颜色、光泽、透明度等特征，只需牢记这些不同之处，就可以进行和田玉的简易鉴别。

79. "南红玛瑙""战国红玛瑙""北红玛瑙"有何不同?

提及玛瑙市场中的明星品种,首先浮现脑海的必定是南红玛瑙、战国红玛瑙和北红玛瑙。同为玛瑙,三者又有何不同?

(1)南红玛瑙

南红玛瑙是对产于我国西南部的红玛瑙的一种统称,在我国云南保山、四川凉山及九口和甘肃迭部等地均有产出。商业上按颜色将南红玛瑙分为锦红、玫瑰红、朱砂红、樱桃红、柿子红、柿子黄、红白料、缟红料等多个品种。云南保山所产南红玛瑙的颜色以"柿子红"最负盛名,其中无裂纹、无杂质的"柿子红"更是十分难得,是保山南红中的上品;四川凉山产出的南红玛瑙最明显的特点是红色的色域较宽,大多数原石都是各种饱和度不同的红色形成条纹或不同色调的红色杂乱分布,除了与有保山南红相同的"水红"和"柿子红"外,还有一种深红色被称为"玫瑰红","玫瑰红"与"柿子红"交织在一起出现的花纹被称为"火焰纹",可以作为其产地特点之一;甘肃碌曲县、宕昌县产出的南红玛瑙颜色为不同色调与深浅的红色,且常会带有橙色调,颜色颇为鲜明,分布相对均匀,也可见清晰的颜色过渡,色域不宽,其表面也可见到条带

图79-1 云南保山南红雕刻作品
杨吉供图

图79-2 具有"火焰纹"的四川凉山南红玛瑙吊坠

图79-3　辽宁北票 　图79-4　河北宣化战国红吊坠　 图79-5　辽宁北票战国红原石
战国红吊坠

结构，通常条带较窄。

（2）战国红玛瑙

战国红玛瑙因形同战国时期出土的红缟玛瑙而得名，以红、黄两色为主，肉眼可见明显的平行密集的条带或同心环带，整体上能够形成多彩的花纹。战国红玛瑙的产地有很多，主要有辽宁北票、河北宣化、山东潍坊、浙江浦江以及内蒙古等地，目前市面上的战国红玛瑙主要产自辽宁北票和河北宣化，两者可谓各具特色。

辽宁北票战国红颜色多为鲜艳的红色、黄色，也有黑色、白色、绿色等，纯正明快、界限明显，其条带宽窄多变，多呈角状相交，甚至可呈平直状，丝绢光泽较强。北票战国红质地细腻，层次通透明显，杂质少，有润感。河北宣化战国红颜色多为红色和黄色，颜色较暗淡且界限不

图79-6　河北宣化战国红原石
赵何膺摄影

189

明显。条带多为宽的同心圆状环带，少见角状相交。质地多变，凝重感强，层次不明显。内部常见水草，形态完整多变。另外，北票战国红原石以板状、块状为主，而宣化战国红则多为球形和近球形，两地战国红原石外观大为不同。

红尊黄贵，战国红以其喜庆的颜色和温润的质地，一经面世就受到热捧。随着时间的推移，对于战国红玛瑙的收藏与投资，人们越发冷静，对其要求也越来越高，加上未来战国红玛瑙相关准则的出现，战国红市场定会更加规范，并向着健康有序的方向发展。

（3）北红玛瑙

北红玛瑙是指产于我国黑龙江省逊克县境内阿廷河流域、伊春市汤旺河流域、嫩江流域、松花江流域、大小兴安岭区域等地的玛瑙。北红玛瑙的主体颜色为红色，兼具黄、白和紫色，透明度极高，俏色丰富，温润绚丽，独具一格。

玛瑙产地众多，种类复杂，红色玛瑙是最受欢迎的玛瑙品种。不论是南红、北红，还是战国红，都有着那一抹令人动容的中国红，配以各自特色，为玛瑙家族撑起一片天。

图79-7 北红玛瑙斧形佩
王振峰作品，北红源供图

图79-8 北红玛瑙《慈母手中线》
孙永作品
天一玉器艺术工作室供图

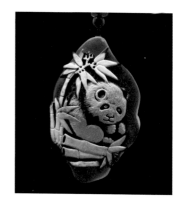

图79-9 北红玛瑙熊猫手把件
于群一供图

80. "台湾蓝宝"是蓝宝石吗？

图80-1 台湾蓝宝原石

图80-2 台湾蓝宝戒指

说起蓝宝石，相信大家都很熟悉了，而提及"台湾蓝宝"，很多人会产生疑惑，"台湾蓝宝"就是台湾产的蓝宝石吗？其实不然，这与蓝宝石共用一名的"台湾蓝宝"并非刚玉大家族的成员，而是石英质玉石中的一种。"台湾蓝宝"是我国台湾地区出产的一种独特的蓝色玉髓的商业名称，台湾民间认为，蓝玉髓是月亮的代表，与水有密切的关系，据说可防止溺水及意外发生，还可避免巫术的侵扰，有着蓝宝石般的魔力。

台湾蓝宝的宝石学名称为蓝玉髓，属于隐晶质石英质玉石，其基本性质与玛瑙相似，但无条带状构造。台湾蓝宝产于台湾东海岸，因含有铜元素而呈靓丽的湛蓝色，散发出一种典雅幽艳、神秘深邃之美，玻璃质地中透着温润的光华，明艳照

图80-3 台湾蓝宝精品套装
CCTV《一槌定音》栏目组供图

人，深受大众青睐，其中一级品的天空蓝、海水蓝和翡翠蓝，一直是收藏家的心头好。台湾蓝宝的独特之处在于其虽属于玉石，但并不像玉石那般内敛，反而有着宝石般向外扩放的色泽特质。因此，台湾蓝宝一方面具有玉的特质，符合东方的审美；另一方面又符合西方对颜色鲜艳、光泽耀眼的要求，因此成为近年来被广泛追捧的玉石品种。

图80-4　绿玉髓（澳玉）

玉髓家族五光十色，成员众多，除以台湾蓝宝为代表的蓝玉髓外，还有白玉髓、红玉髓、绿玉髓、黄玉髓、紫玉髓以及含杂质较多的"碧玉"。白玉髓是指白至灰白色的玉髓，成分单一，质地均匀。红玉髓多呈红至褐红色。当玉髓呈现不同色调的绿色时，称为绿玉髓，产于澳大利亚的绿玉髓常呈苹果绿，颜色均匀，又称"澳玉"。黄玉髓是指黄色、浅黄色的玉髓。紫玉髓常呈浅紫、灰紫和蓝紫色，主要产地为巴西和中国。"碧玉"为含杂质较多的玉髓，多不透明，颜色呈暗红色或绿色，红色者称红碧玉（又称"羊肝石"，绿色者称绿碧玉。市场上还有一种含有特殊条纹的碧玉，称为"风景碧玉"，不同颜色的条带、色块交相辉映，宛若一幅美丽的风景画。"血滴石"是一种暗绿色不透明至微透明的碧玉，其上散布着棕红色斑点，犹如滴滴鲜血，故得名

图80-5　紫玉髓

图80-6　红碧玉

"血滴石"。

　　"台湾蓝宝"虽有蓝宝之名，却属石英家族；虽为玉髓，却位列中国台湾名贵宝石之列。这一抹湛蓝，为玉髓家族增添了一份独特的亮丽色彩。

81. 黄龙玉是玉髓吗?

　　黄龙玉的横空出世，如一片金色辉煌照进玉石界，迎来了龙腾九天的美玉盛世，受到了万众瞩目，更引起业内外人士的广泛关注。它那晶莹水润、温雅净腻的玉质以及艳似红霞、灿如旭日的颜色让大众误以为黄龙玉就是黄玉髓，其实不然，黄龙玉属于石英岩玉，主要产于云南省龙陵县，是与玉髓同宗同源的"亲兄弟"。

　　黄龙玉的颜色十分丰富，以黄、红色调为主，兼有白、黑、灰、蓝色等，黄如金、红如血、白如冰、乌如墨，色彩明快，色调鲜明。黄龙玉质地细腻，晶莹剔透，硬度堪比翡翠，其声清越悠扬、悦耳动听。此外，在黄龙玉中还可见呈条带状、脉状混入的微粒石英，以及因含有黄铁矿矿物而出现的"金砂"现象和由锰质矿物沿玉石裂缝面呈树枝状、苔藓状、

图81-1　黄龙玉吊坠

193

纹带状分布造成的"水草"现象。2011年，黄龙玉被正式列入《国家珠宝玉石名录》，彼时整个珠宝行业到处都充斥着黄龙玉的身影，其价格也是高歌猛进。大自然的造化使得黄龙玉具有黄色的传奇、金色的魅力、彩色的光华，而当独特的植物自然图案与黄龙玉融为一体，以其独有的笔触为这一色彩勾勒了神奇的一笔，每一件黄龙玉水草花又给人以不一样的艺术感受，让人享受着不同的精神和境界的濯洗。

黄龙玉为我们打开了石英岩玉的认知大门，石英岩玉家族可谓"人才济济"，除黄龙玉外，还有历史悠久的河南密玉、北京京白玉，后起之秀贵州贵翠、内蒙古佘太翠、陕西秦紫玉以及近期市场火爆的新疆金丝玉、四川盐源彩玉、桂林鸡血玉、湖南通天玉……它们皆具特色，成为玉石市场中一道亮丽的风景线，也逐渐走向全国各地，走进千家万户。

图81-2　盐源彩玉手串

图81-3　秦紫玉雕件《己秋》，孙国双作品

194

图81-4 密玉雕件

图81-5 贵翠雕件

图81-6 金丝玉雕件《盛宴》
袁根新作品，中国玉雕专业委员会供图

图81-7 鸡血玉印章《万山红遍》
蒋昌松作品，状元红艺术馆供图

82. 海水珍珠与淡水珍珠有什么区别？

　　相传，珍珠是鲛人的眼泪，泪洒相思地，被守护在身边的贝母蚌珍藏了起来。虽为传说，但不论真假，每一颗珍珠都是生命的露珠，握在手中、佩在身上，都能体会到那温润的灵魂。贝母是孕育珍珠的港湾，不同水域的贝母产出的珍珠也大不相同，那么海水珍珠和淡水珍珠有何区别呢？购买珍珠饰品时又该如何挑选呢？

从颜色上看，海水珍珠以白色、金色、黑色、银色为主，更显高贵大气；而淡水珍珠主要为白色、橘粉色、粉紫色，更加青春靓丽。从形状上看，海水珍珠的形状相对圆润；淡水珍珠多为不规则状，常见椭圆、扁圆、米粒状，正圆珠少见。从外表瑕疵上看，海水珍珠质地紧实，外表瑕疵以针眼状为主，不影响佩戴；而淡水珍珠的外表瑕疵通常以螺纹和坑点为主。从光泽上看，由于海水珍珠的成长时间要远长于淡水珍珠，因此海水珍珠的珍珠质密度要比淡水珍珠高得多，这导致海水珍珠光泽更加锐利，质感更加高级，淡水珍珠相对来说则更加温润。

海水珍珠的生长环境不易控制，培养时间长、产值小，并且在大小、圆度、光泽等方面普遍优于淡水珍珠，因此珠宝市场中海水珍珠的价格通常高于淡水珍珠。但并非海水珍珠一定比淡水珍珠贵，淡水珍珠中也会有极品珍珠产出，在购买时还是要关注珍珠的品质。颜色、光泽、形状、大小、光洁度等因素共同影响珍珠的品质，并决定其价值。

（1）颜色：珍珠的体色多样，其中以白、淡黄色居多，而黑色、金色珍珠以及玫瑰色、粉红色海螺珍珠较为稀少，价值较高。黑珍珠的伴色以孔雀绿色为佳，粉红色珍珠的伴色以玫瑰色为佳，白色珍珠的伴色以粉红色、玫瑰色为佳。此外，晕彩强也会使珍珠的颜色

图82-1　海水珍珠

图82-2　淡水珍珠

价值得到提高。

（2）光泽：珍珠光泽的强弱程度可细分为极强、强、中、弱四个级别。优质珍珠的光泽应当为反射光明亮、锐利、均匀，映象清晰。

（3）形状：通常来说，正圆、圆形的珍珠价值较高，但有些异形珍珠也非常具有美感，结合巧妙的设计更有独特的价值。

（4）大小：珍珠的大小与价值关系极为密切，越大的珍珠越少见，在其他因素相同的情况下，珍珠越大，价值越高（正圆、圆、近圆形珍珠以最小直径来表示大小，其他形状珍珠以最大直径和最小直径表示）。我国旧有"七分珠，八分宝"之说，意思是说珍珠达到八分重（直径约为9 mm的圆形珠）就是"宝"了，直径若为14 mm～16 mm，则为稀有品。

（5）光洁度：珍珠的光洁度由瑕疵的大小、颜色、位置及多少决定，可划分为无瑕、微瑕、小瑕、瑕疵、重瑕五个级别。表面的瑕疵较少的珍珠品质更好，优质珍珠肉眼观察表面光滑细腻，几乎不可见瑕疵。

购买多粒珍珠饰品（如珠串、套饰等）时，除了要关注以上评价要素，还应注意各要素的协调程度。需对整件首饰中的珍珠作统一的评定，而非只取其中的一颗来决定所有珍珠的品质。匹配性好的多粒珍珠首饰中的珍珠形状、光泽、光洁度等质量因素应统一一致，颜色、大小应和谐有美感或呈渐进式变化，孔眼居中且平直，光洁无毛边。

不论是海水珍珠还是淡水珍珠，都有其存在的意义与价值，每一颗珍珠都有自己的灵魂，都是经过不懈的努力才来到这尘世间，值得我们去珍惜、去呵护。

83. 如何鉴别珍珠的真伪？

独特的体色和光泽使珍珠在众多宝石之中脱颖而出，也正因如此，市面上出现了越来越多的珍珠仿制品，主要品种有塑料仿珍珠、玻璃仿珍珠、贝壳仿珍珠等。

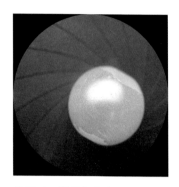

图83-1　塑料仿珍珠

（1）塑料仿珍珠：塑料仿珍珠是在乳白色塑料珠外表涂一层"珍珠精液"而制成，成品性质稳定。塑料仿珍珠外观漂亮，手感较轻，且有温感，用针在钻孔处轻轻挑拨，会成片脱落，无细小鳞片状粉末，能看到珠核。此外，塑料仿珍珠佩戴一段时间后容易掉皮，在色泽上也无法拥有天然珍珠的灵动感，肉眼看起来颜色暗沉死板，几乎没有珍珠那种特殊的光泽感。

（2）玻璃仿珍珠：玻璃可以说是珠宝界的"模仿天王"，各种各样的珠宝玉石都能仿制。玻璃仿珍珠就是用玻璃做成和珍珠一般大的圆形珠子，然后用特殊的珠光漆进行上色。玻璃比珍珠重，通过掂重可以帮助区分天然珍珠与玻璃仿珍珠。另外，玻璃仿珍珠通常会被染成一些十分鲜艳的颜色，大部分颜色不是天然珍珠所具有的，颜色浓艳厚重，饱和度高，整体看起来十分呆板，用刀刻画的话，表面的镀膜也会脱落，这也能帮助我们进行分辨。

图83-2　玻璃仿珍珠

（3）贝壳仿珍珠：贝珠是采用珍珠粉压制或母贝打磨而成的，一般直径比天然珍珠大，能够达到12 mm以上，多数呈正圆形，有时会被染成各种颜色，往往用来制作一些比较夸张的耳环、胸针类饰品。从天然珍珠打眼的孔洞来观察，会看到天然珍珠的层状结构，而贝珠是观察不到这种结构的，有的甚至还是塑料或玻璃内芯。如果是染色而成的，借助放大镜还可以看到表面色块聚集的痕迹。

每一颗珍珠都是独一无二的存在，是生命的寄存和时光的磨炼。珍珠仿制品也许有着和珍珠极为相似的外表，但终究无法与其比拟，或许因为少了些经历，缺了些情感，便没了那一丝灵魂。珍珠和珍珠仿制品，你知道该如何进行区分了吗？

图83-3　贝珠

图83-4　染色贝珠

84. 如何鉴别染色珊瑚？

古今中外，无论是皇室贵族还是普通民众，皆视红珊瑚为奇珍异宝，也正因如此，红珊瑚市场中造假泛滥，给消费者造成了巨大困扰。因此购买收藏时应学会辨别红珊瑚的真假。

目前珠宝市场中常见的红珊瑚仿制品多为染色海竹。海竹是一种竹节珊瑚，多为白色，氧化后变黄，常被染成红色用来仿冒天然红珊瑚。如何鉴别天然红珊瑚和染色海竹就成了一大难题。俗话说"千年珊瑚万年红"，红珊瑚的颜色因有机质的积累而变化，多数红珊瑚都会出现白芯，它是一个界限比较分明的白点，形成几个靠近中心的白圈。天然珊瑚的白芯位置不确定，在加工时往往会将其剔除，或将其白芯位置放在珊瑚制品的侧边及背面，白色和红色界限清晰。但为了误导消费者，染色海竹的白芯多仿制在截面中间，白色和红色界限不清晰，有颜色过渡的现象。另外，纹路也是一个非常重要的鉴别依据。天然红珊瑚的横截面多为同心圆状生长纹，纵面上有极难观察的细密竖纹。染色海竹的横截面为放射性纹理，由于染色不均匀，颜色由中心向外扩散、逐渐加深，整体呈现"太阳心"的

图84-1　红珊瑚

图84-2　海竹。温庆博供图

图84-3　染色海竹（正反面）
温庆博供图

图84-4　染色海竹横截面的放射状纹理

形状，纵面上有着粗大的槽状纹理，竖纹间距较宽。

　　染色海竹虽然有着和天然红珊瑚极为相似的外貌，但终究是东施效颦，敌不过天然红珊瑚与生俱来的华丽与气质，只需细细观察，定能辨出真伪。

85. 琥珀和蜜蜡有什么区别？

　　"兰陵美酒郁金香，玉碗盛来琥珀光"，经历亿万年沧海桑田所形成的琥珀，如穿越时空的精灵般，带着远古时代的神秘落入人间。它是凝聚时光的宝藏，是珠宝圈中的"轻盈舞者"，它古朴典雅，低调中透露出奢华气质。琥珀已然成为时下热门珠宝首饰之一，然而与其同时出现的蜜蜡也受到市场的热捧。那么什么是琥珀？什么是蜜蜡？它们之间又有何区别呢？

　　琥珀是中生代白垩纪至新生代第三纪松柏科植物所分泌出来的树脂，而后经过

图85-1　蜜蜡

图85-2　琥珀首饰套装

地壳变动深埋地下，逐渐演化为一种天然的树脂化石。琥珀的透明度与琥珀酸含量有关，而与年代无关。当琥珀酸含量在4%以下，则为透明；当琥珀酸含量在4%～8%之间，则呈云雾般的半透明；当琥珀酸含量达到8%以上，呈泡沫状，不透明。

　　色如蜜，光如蜡，外有脂光，内有宝光。蜜蜡颜色似蜜，具蜡状光泽，浑而透光，明而不澈。所谓蜜蜡，其实就是琥珀中特殊的一种，由于其琥珀酸含量超过8%，因此呈现出不透明的泡沫状。由此可见，琥珀和蜜蜡在本质上并无区别，只因其内部琥珀酸含量不同导致透明度不同，方造就了它们不同的外表。

　　琥珀和蜜蜡，同样记载了曾经的辉煌历史，沉淀了亿万年的岁月，留下了美好的传说。它们用不同的形式向我们传递着曾经的信息，也向我们讲述着那些看似平凡日子里的不平凡。

86."千年琥珀，万年蜡"的说法对吗？

"千年琥珀，万年蜜蜡"，此话可当真？所谓"千""万"仅仅用来形容时间很长，并非是一个具体的时间。另外，这句圈内盛传的话让一众消费者陷入误区，蜜蜡的形成时间真的比琥珀更久远吗？

在史前大概4000万到9900万年前，原始森林中的松树由于气候炎热而流淌出松脂，松脂在坠地或滑落过程中，会粘住一些植物和杂物，甚至有一些小飞虫、小动物，这颗松脂的内部世界就此凝固。在之后的漫长岁月里，原始森林由于地壳的运动而被埋在地下，逐渐被海水淹没。又过去数万年，海水重新退去，陆地重新浮出水面。如此反复，经历沧海桑田、世事变迁，终于形成了瑰丽的宝石——琥珀。

琥珀是松柏科植物生成的树脂经多种地质作用形成的有机宝石，而蜜蜡是琥珀透明度为半透明至不透明级别时的一个品种，现有的文献资料还未有任何证据能够表明蜜蜡的成矿时间早于琥珀，故而"千年珀，万年蜡"这一说法并不准确。此外，若想形成优质的琥珀蜜蜡，千年、万年的时间是远远不够的。根据世界各地已出土的琥珀，现已发现形成时间最早的琥珀是英国怀特岛的琥珀，可追溯到中生代早白垩世的1.3亿年前；形成最晚的琥珀是马来西亚婆罗洲的琥珀，形成时间却也是在新近纪中新世533万年前。

图86-1　琥珀手镯

琥珀埋藏的年份越长，其物质结构就会越加稳定，石化的程度就越好。同时随着埋藏时间的增长，各种矿物沁入到琥珀内部的概率就越大，也会发生不同程度的氧化。比如拥有一亿年年龄的缅甸琥珀，其硬度会高于一般琥珀，颜色也会更加丰富，有棕红珀、绿珀、血珀、猪油蜜等，这些都是其他产地所没有的。

琥珀的形成是一个漫长的过程，它带我们探寻过去的奥秘，走过曾经的岁月。埋藏越久的琥珀硬度越高，石化程度越好，不易受到损坏，时间赋予它坚硬的外衣，守护着那些曾经的生命与生机。

图86-2　蜜蜡

87. 怎样鉴别琥珀真假？

沧海桑田，几许繁华。我们感慨时间悄悄走过，不留痕迹，却在某个不经意间发现它的足迹。琥珀，时间停留的证明，凝聚惊艳时光，讲述历史剧变。当琥珀来到尘世，就成为珠宝文玩界的"明星"，深受大众喜爱，但与此同时，琥珀的造假技术层出不穷，给一众消费者带来困扰。那么究竟该如何鉴别琥珀的真假呢？

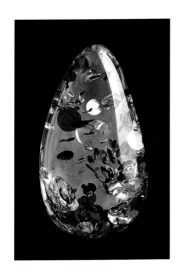

图87-1　热处理琥珀

目前珠宝市场上琥珀的优化处理方法主要有热处理、覆膜和染色，人工合成以再造琥珀为主，仿制品中则常见柯巴树脂仿琥珀和塑料仿琥珀。

（1）优化处理

在琥珀的优化处理方法中较为常见的有热处理、覆膜处理和染色处理，改善目的不同，优化处理的方法也不同，它们有着专属特征。热处理是为了提高琥珀的透明度，仔细观察能够发现经过热处理的琥珀内部会形成如"太阳光芒"般的片状裂纹；覆膜则是为了改善琥珀的视觉颜色或掩盖表面缺陷，覆膜琥珀往往光泽异常，局部可见薄膜脱落现象；染色是为加深部分琥珀颜色，染色琥珀颜色分布不均匀，裂隙处和凹陷处颜色往往更深，经丙酮或无水乙醇擦拭后会掉色。

（2）再造琥珀

再造琥珀属于人工琥珀，又名压制琥珀，是琥珀市场较为常见的一种造假方式。一些块度较小的琥珀无法进行首饰应用，将其碎料在合理的温压条件下进行烧结压制，就能形成大块度的琥珀。由于再造琥珀的本质也是琥珀，因此二者在很多方面极为相似，但仔细观察仍有不同。

从颜色上看，天然琥珀通常为黄色、棕色、红色等，而再造琥珀多为橙黄或橙红色；从内部纹路来看，天然琥珀呈现的

图87-2　压制蜜蜡

是流淌纹，是形成琥珀的树脂从树干上不断淌落、变干、再淌落覆盖的过程中形成的天然纹路。而再造琥珀呈现为搅拌纹，纹路生硬没有层次感，很不自然；从荧光上看，在紫外光照射下，再造琥珀的荧光更强烈，主要是碎粒发光。

（3）仿制琥珀

市场中流通较广的琥珀仿制品主要是塑料仿琥珀和柯巴树脂仿琥珀。相对来说，塑料仿琥珀比较容易鉴别。鉴别塑料仿琥珀可以采用盐水法，将其放入饱和食盐水中能够发现，塑料仿琥珀会迅速下沉，而天然琥珀由于本身密度小，所以不会出现下沉的情况。此外，在琥珀市场上有个较难鉴别的天然仿制品——柯巴树脂，它也是由植物产生的树脂经地质作用后形成的，但在地下埋藏的时间远短于琥珀。柯巴树脂作为天然仿制品，鉴别起来略微困难。如果将乙醚滴在柯巴树脂上，手指揉搓后，其表面会迅速出现斑点。

琥珀是凝结时间的浪漫，在它备受关注的同时，自然会出现很多"眼红的替身"，消费者在购买琥珀制品时一定要擦亮双眼，仔细甄别。

图87-3 塑料仿蜜蜡

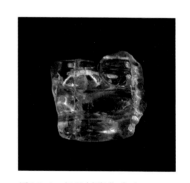

图87-4 柯巴树脂仿琥珀

珠宝如何戴?

——珠宝的佩戴与保养之问

图88-1 18K金粉色蓝宝石戒指
Olympe Liu设计工作室供图

图88-2 18K金碧玺、黄色蓝宝石
戒指、Olympe Liu设计工作室供图

88. 珠宝首饰的佩戴原则有哪些?

珠宝首饰在日常生活中发挥着重要作用,它在不经意间装点生活、点亮世界,也让佩戴者心生愉悦、开心度日。但珠宝首饰并不是简单地随心而戴,讲究一定的原则才能在最大程度上发挥它的美。那么在佩戴珠宝首饰的时候,应当遵守哪些原则呢?

(1)数量原则

佩戴珠宝首饰,宜少不宜多。在同时佩戴多种首饰时,其上限一般为三种,太多则过,过满则亏,宜适量选择,并非多多益善。除了耳环、手镯外,佩戴的同类首饰最好不要超过一件。

(2)色彩原则

佩戴首饰时选择色彩的规则是力求同

色。色彩太过杂乱会降低首饰的美感，主色调保持一致可以起到点亮造型的作用。同色系或相近色系的搭配，会起到画龙点睛的作用，切忌将多种色彩斑斓的首饰佩戴在一起。

图88-3　精致小巧的血珀首饰

（3）体形原则

选择配饰要与自身身材相呼应。颈饰、手链、戒指、胸针的选择，要大小适中，与自身的体形相匹配，这样才不会显得突兀，才能在最大程度上起到修饰美化作用。

图88-4　小巧别致的珊瑚胸针

（4）身份原则

佩戴首饰时，不仅要参考个人喜好，更要注重佩戴者的身份，要与佩戴者的性别、年龄、职业、工作环境保持大体一致，方为得宜。

豪门贵妇、大家闺秀，在佩戴珠宝的选择上要优雅精致，以贵气为宜。精致干练的职场精英，在佩戴首饰时，以造型精致简约为主，突出干练气质。青春活泼的学生，佩戴首饰时则需适宜得体，以造型精致小巧为宜。

图88-5　蓝宝石项链
刘宇婷供图

（5）季节原则

佩戴首饰还应考虑四季的变换，根据季节的不同来选择不同的首饰。

春季是一个充满生机的季节，佩戴绿色的宝石最为适宜，翡翠、祖母绿、孔雀石等都是不错的选择。夏季艳阳似火，

图88-6　珍珠戒指

图88-7　翡翠戒指
Olympe Liu设计工作室供图

图88-8　海蓝宝石项链
张欢供图

图88-9　珍珠胸针

蓝色系宝石冰凉清爽，驱走灼热，尤为合适，蓝宝石、海蓝宝石、坦桑石等都是极佳选择。秋天，是丰收的季节，佩戴红宝石、石榴石、欧泊、琥珀、玛瑙以及黄金首饰会使人感到充实而热烈。冬季千里冰封，万里雪飘，佩戴白色系首饰仿佛与大自然的美景融为一体。在冬末佩戴浅绿色、黄绿色或粉红色的首饰，也可以展现对春季的盼望，仿佛听到了春天的脚步，一盼春归。

（6）服饰原则

佩戴珠宝首饰时一般要选择和服装颜色相近或为同色系珠宝，白色系珠宝可以作为百搭款式。穿深色衣物时可以佩戴色彩浓度高的珠宝来提升明艳度，使服装和珠宝形成对比。佩戴设计繁琐的珠宝时，要注意搭配低调简约的服饰。总体来说，就是要繁简有序，一简一繁，对比出新，搭配得体，相互成就。

珠宝首饰佩戴的主要目的是增加美感、提升气质，同时也可以起到表达自身想法或涵养的作用。首饰的佩戴虽以自身喜好为主，但也应遵循一定的礼仪与规则，这样才能在最大程度上发挥每一件首饰的优势，使其璀璨光芒在身上闪烁，令佩戴者成为众人焦点所在。

89. 如何挑选男士珠宝首饰?

自古以来，珠宝首饰都不是女性的专利品，男士珠宝在历史上也有举足轻重的地位。现代男性首饰与女性首饰存在明显区别，男性佩戴首饰的目的与女性佩戴首饰的目的也不完全相同。现代男性首饰或粗犷豪放，或庄重典雅，更突出阳刚特征，显示男士的个性与品位，除了具有很强的装饰作用外，还带有更多的实用性，如袖扣、领针、怀表链等。首饰的质量能体现出男性的生活品质，挑选男士珠宝首饰应以简约为主。

在珠宝款式设计上，简约能够大幅增加装饰性和精致感，留白才是高级的时尚。除与服装搭配佩戴的袖扣、胸针外，男士珠宝首饰中较为常见的还有戒指。男士婚戒可以选择简约款素圈戒指，宽窄随意；未婚人士可在食指、中指佩戴略微夸张的戒指，此外，一枚大气的扳指或是小小的尾戒也是不错的选择。随着偶像时代的开启，耳饰也不再是女性专属，男士可以选择设计简约大气的耳钉或耳环，以银色和黑色为佳，以此来增加时尚感。在项链的选择上，男士项链最多只能佩戴两条，无论一条还是两条，选择的项链都要粗细适中。在佩戴时可以长短叠戴，长款有坠，短款无妨。

对于以实用性为主的男士珠宝首饰，可以根据需要搭配的服装特点进行挑选。男士黑色西装千篇一律，这时领针、胸针便成了点睛之

图89-1　和田玉吊坠
胡为供图

图89-2　和田玉方形牌
胡为供图

图89-3　玉扳指
胡为供图

图89-4 翡翠平安扣，胡为供图

笔。身着黑色的西装时可挑选一些颜色亮丽的珠宝胸针、领带夹，如翡翠胸针、珍珠胸针、珊瑚领带夹等。而对于其他颜色款式的西装，根据颜色特点进行挑选就能在人群中脱颖而出。

图89-5 珊瑚领带夹

90. 不同年龄段的女性该怎样佩戴珠宝首饰？

莎士比亚曾说："珠宝沉默不语，却比任何语言更能打动女人心。"珠宝让女人变得与众不同，从青年到老年，美丽的珠宝闪耀在女人生命中的每一个幸福瞬间。那么不同年龄段的人分别适合佩戴什么样的珠宝呢？

（1）时尚魅力的20～25岁

20～25岁这个阶段的女性美丽动人又娇俏活泼，可以选择设计感十足的首饰，最忌老气横秋、扮成熟。这个阶段是从校园到职场的过渡阶段，经济方面也渐渐独

图90-1 适合20～25岁的布契拉提风格戒指，张欢供图

立，在首饰材质的选择方面可以选择简约的K金款式、具有设计感的银饰及合金饰品。

（2）精致轻熟的25～30岁

这一年龄段女性佩戴的首饰既要体现出职场女性精致干练的气质，又要体现出一个轻熟女性该有的知性和优雅。极具质感的K金材质与托帕、碧玺、贝壳、小颗粒祖母绿等比较符合这一时期精致的风格。

图90-2　适合20～25岁的兰花耳环刘宇婷供图

图90-3　适合25～30岁的祖母绿项链张欢供图

图90-4　适合25～30岁的祖母绿马鞍耳环，刘宇婷供图

（3）端庄大气的30～40岁

30～40岁的女性佩戴珠宝要能够彰显个人端庄优雅的气质，可以选择K金材质与稍大颗粒的彩宝、珍珠、钻石等材质的结合，也可以选择极具中式风情的翡翠材质。在款式的选择上宜大气简洁，宝石的颗粒要稍大些，才能符合这一时期大气优雅的风格。

图90-5　适合30～40岁的翡翠莲蓬手镯，刘宇婷供图

图90-6　适合40～50岁的翡翠吊坠

（4）成熟稳重的40～50岁

40～50岁的女性更多注重的是珠宝的品质和档次，开始保值与增值类的消费，可以选择高品质的贵重宝石，红宝石、蓝宝石、祖母绿、翡翠、和田玉等材质。

图90-7　适合40～50岁的和田玉项链
Olympe Liu设计工作室供图

图90-8　适合50～60岁的翡翠手镯
玉祥源·张蕾供图

图90-9　适合50～60岁的黄金花丝镂空金镯，万宝德珠宝供图

（5）温婉大方的50～60岁

这一时期的女性佩戴珠宝不仅要造型大方得体，还要有一定的吉祥象征，材质上以高档为佳，如黄金嵌宝、翡翠、和田玉、祖母绿等，彰显富贵高雅，非常适合这一年龄段的女性。

91. 不同肤色适合搭配什么颜色的珠宝首饰？

色彩决定气色，选择珠宝颜色的先决条件虽然是自身喜好，但如果珠宝的色泽和"皮肤色彩属性"不搭配，那么非但不能起到调整气色的作用，还会使珠宝失去价值感。因此，在选择珠宝首饰时，不同肤色的人需要注意首饰的颜色与肤色的关系，通过首饰的颜色、质感对肤色加以协调和弥补，方能使佩戴者更加明艳动人。

较白皮肤的人拥有着清新鲜嫩的肤色，给人明媚、鲜活的印象。这类肤色的人适合搭配清澈明净的宝石，如翡翠、石榴石、紫水晶、紫色尖晶石，也可以搭配一些红色或者冷色调的亮色系列来增加气色。肤色过于洁白的人，不宜佩戴铂金首饰及镶嵌白色宝石的首饰，否则易显得苍白、病态。

图91-1　越南紫色尖晶石项链
刘宇婷供图

图91-2　红宝石项链
张欢供图

图91-3　古典祖母绿吊坠
刘宇婷供图

红润肤色的人拥有着透明粉白的肌肤，给人凉爽、柔美、优雅的印象。适宜搭配蓝色、绿色、紫色等冷色系珠宝，可以烘托佩戴者的活力；不适宜搭配偏红或偏紫色系的彩色宝石，如红碧玺、紫水晶等。

拥有健康小麦色皮肤的人，举手投足间透露浓浓的成熟韵味，深邃又亲切。适宜搭配绿色系和浅蓝色系的彩色宝石，如橄榄石、海蓝宝石、翡翠等，看上去成熟妩媚，更具女人味；不适宜搭配红色系和黄色系宝石，如黄水晶，否则皮肤会显得黯淡无光。

古铜色皮肤的人，大多有着优雅的气质。拥有这类肤色的女性，可以选择佩戴华丽的彩色珠宝首饰或者有粗犷风格的雕刻类首饰，也可佩戴茶晶等中间色调的宝石或者是与肤色相差较大但较为光亮的宝石。

图91-4　翡翠戒指，Olympe Liu设计工作室供图

图91-5　祖母绿戒指，张欢供图

92. 不同脸型搭配什么形状的珠宝首饰？

爱美之心人皆有之，佩戴珠宝首饰不单单是为了展现美，更多的是通过合适的首饰达到修饰脸型、扬长避短的目的。小小的首饰起着衬托容貌、美化仪表的重要作用，每个人的脸型不同，适合佩戴的首饰也就不同。那么在生活中，我们要如何根据自己的脸型选择首饰呢？

鹅蛋形脸或椭圆形脸是东方女性心中最理想的脸型。这种脸型可随心所欲地佩戴任何形状和式样的耳饰，但是要注意耳饰的大小要与自己的整体感觉相符。项链可选中长度，更能突显精致的脸庞。

圆形脸，线条圆润，可爱有亲和力。适合戴边角形、"之"字形、叶片形、尖形的耳坠，利用线条的纵长营造一种修长感，使人显得秀气精致，要避免佩戴正方形、大圆形等厚重、夸张的耳饰。项链宜选长款，使脸部的视觉长度有所改变。

长形脸，棱角感过强，佩饰需要缓和脸部的棱角感，缩短脸的长度，增加脸的宽度。可以选择设计精美的圆形或几何形大耳环，以此来增加脸部视觉宽度。不宜佩戴过长的项链，尽量选择浅色系闪光型

图92-1 适合圆形脸的"之"字形鱼尾翡翠耳环

图92-2 适合长形脸的圆形耳环

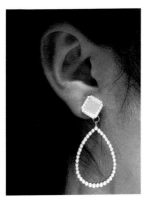

图92-3 适合方形脸的水滴形耳环

图92-4 适合方形脸的椭圆珍珠耳饰 Olympe Liu设计工作室供图

图92-5 适合方形脸的中长款祖母绿项链，张欢供图

图92-6 适合菱形脸的不规则珍珠耳饰

短项链。

　　方形脸，线条明显，轮廓硬朗，棱角分明。适合佩戴一些水滴形、椭圆形及卷曲线条不规则的耳环，以此来拉长脸部线条，淡化棱角。尽量不要佩戴方形、三角形这样有棱有角的几何形以及棱角锐利的耳饰，否则会使脸部线条变得僵硬，给人一种距离感。项链可以选择U形或V形加吊坠的中长项链，以超过锁骨为宜。

　　菱形脸，又称钻石脸，可选择水滴形、梨形等长款耳饰或不规则图形、不对称设计的耳环，以平衡脸部棱角。适宜佩戴U形项链，增加下巴的圆润感。不建议佩戴奢华镶嵌、复杂、过于有存在感的珠宝，可以考虑有镂空设计的珠宝，增加轻盈柔和的感觉。

图93-1　适合参加舞会、宴会等
社交活动的粉色钻石戒指

93. 不同场合佩戴珠宝首饰有哪些搭配技巧？

生活由无数场景交融而成，我们时而在职场英姿飒爽，时而在舞会一展风姿，时而在与好友聊天中眉开眼笑，时而在肃穆场景中悲痛不已。场景不同，礼仪不同，搭配的珠宝首饰也应有所不同，佩戴得宜方能起到画龙点睛的作用。如何在不同的场合完美演绎珠宝首饰搭配，让自己穿戴得体、大方优雅则是一门有技巧的学问。那么，你知道不同场合都应佩戴怎样的珠宝首饰吗？

参加舞会、宴会之类的社交活动时，一般宜佩戴高贵、华丽的首饰。最好选择样式精美、颜色绚丽、能和礼服互相呼应的钻石与彩色宝石类高档珠宝首饰。

参加沙龙、拜访之类的社交活动，要

图93-2　适合参加舞会、宴会等
社交活动的祖母绿耳饰
刘宇婷供图

选择具有特色的主题款式首饰，这样与所参加社交活动的气氛比较融洽，有时还会从中引出话题，打开交际的大门。

职场洽谈，可以佩戴珍珠、钻石等白色系简约珠宝，百搭干练又透露着沉静的气质。

访亲见友时的佩戴相对来说比较广泛，与初交的朋友或不熟悉的人见面，可以佩戴具有变彩效应的欧泊首饰，营造一种神秘感；如果与情人、挚友约会，可佩戴具有永恒象征的宝石，如钻石、红宝石、祖母绿等简约高档珠宝首饰；拜访家中长辈时，适宜选择色彩不太鲜艳的套装首饰，简单大方，不要过于夸张。

图93-3　适合参加沙龙、拜访等社交活动的粉色烟花耳环

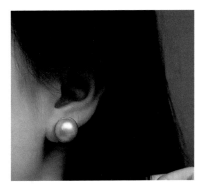

图93-4　适合职场洽谈的金淡水珍珠耳饰、珠宝玉石那些事儿工作室供图

图93-5　适合访亲见友的欧泊项链 Olympe Liu设计工作室供图

图93-6　适合访亲见友的祖母绿戒指 张欢供图

日常居家，适合佩戴简约小巧的珠宝首饰，例如极简主义的项链、小巧玲珑的耳饰等。精致又小巧的首饰更方便大家在日常生活中打理家务、处理琐事。

　　参加聚会、联谊等社交活动，可以佩戴一些色彩鲜亮或造型夸张的首饰，彰显个性的同时，也能从聚会中脱颖而出。

　　参加追悼会或葬礼时，切勿佩戴色彩艳丽的珠宝首饰，一般以不佩戴首饰或佩戴一些黑色系或色泽素雅的小件珠宝首饰为宜，如胸针、领针，以表哀思。

图93-7　适合日常佩戴的18K玫瑰金钻石锁骨链
Olympe Liu设计工作室供图

图93-8　适合参加聚会、联谊等社交活动的粉色蓝宝石戒指
张欢供图

图94-1　红宝石戒指
劳德珠宝供图

图94-2　芙蓉石项链
Olympe Liu设计工作室供图

图94-3　橙色石榴石吊坠
龚霞供图

图94-4　黄色蓝宝石
劳德珠宝供图

94. 不同颜色的珠宝玉石各有什么寓意?

在这个缤纷多彩的世界，我们感叹于颜色的神奇魅力，尽情领略色彩为我们带来的美好视觉享受。通常情况，我们认为色彩是有性格的，而且每一种颜色都有一定的含义，不同颜色的宝石更是如此。你知道你所偏爱的彩色宝石有着怎样的寓意吗?

红色系列的宝石以红宝石、尖晶石、红碧玺、红锆石、红玛瑙等为代表，寓意热情、健康和希望；粉色系列的宝石，如芙蓉石、粉色碧玺、粉色蓝宝石等，表示可爱、浪漫和温馨；橙色系列的宝石有橙色蓝宝石、橙色水晶、橙色碧玺、橙色石榴石等，含活泼、喜悦和幸运之意；黄色系列中的黄水晶、黄色蓝宝石、黄翡等宝石，代表温和、成熟、光明和财富。

绿色系列宝石的代表为祖母绿、翠榴石、橄榄石、翡翠等，寓意青春、朝气、生命与和平；蓝色系列的宝石以蓝宝石、坦桑石、海蓝宝石、堇青石、青金石等为代表，表示清新、宁静、忠诚与庄重；紫色系列宝石代表高贵、典雅和华丽，主要有紫水晶、紫色蓝宝石、紫色碧玺、紫翡翠、紫玉髓等；白色系列宝石代表纯洁、素雅和神圣，包含钻石、水晶、月光石、

图94-5　祖母绿吊坠
司雨珠宝工作室供图

图94-6　蓝宝石戒指
劳德珠宝供图

和田玉等；黑色系列宝石寓意神秘、庄重和深沉，主要包括黑钻、黑玛瑙、墨翠、黑曜石、煤精等。

　　佩戴对应颜色的彩色宝石不仅能凸显个人魅力，还能表达对待生活的态度、展示独特的精神风貌。

图94-7　紫水晶手串

图94-8　墨翠手镯

图94-9　水晶首饰

95. 你知道自己的生辰石和生辰玉吗?

图95-1　一月生辰石石榴石戒指

图95-2　一月生辰玉南红玛瑙雕刻品

在色彩缤纷、绚烂夺目的宝石世界里,有一组神秘而传奇的宝石,因其吉祥幸运的魅力而深受人们的青睐,它们就是"生辰石"与"生辰玉"。一年有十二个月,每个月都有作为代表的宝石与玉石,它们被寄予了不同的内涵,为人们带来美好的希冀。

一月的生辰石是石榴石,象征信仰、坚贞、纯朴;生辰玉是南红玛瑙,象征吉祥、幸福。这抹红是大雪纷飞的冬季里予人期盼的喜悦。

二月的生辰石是紫水晶,象征诚实、纯真的爱情;生辰玉是大同紫玉,象征浪漫、神秘。紫色的宝玉石就像傍晚梦幻绚烂的紫曛。

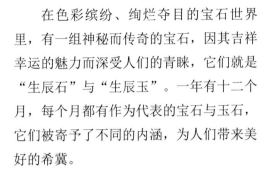

图95-3　二月生辰石紫水晶手串

图95-4　二月生辰玉大同紫玉设计作品

三月的生辰石是海蓝宝石，象征沉着、勇敢、智慧；生辰玉是台湾蓝宝，象征沉着、勇敢、幸福。三月，烟雨霏霏，落入海蓝宝石形成了"雨丝状"包裹体，滴进台湾蓝宝溶成一汪清清的蓝。

四月的生辰石是钻石，象征恒久真爱；生辰玉是和田玉，象征纯洁、典雅。风气日暖的天气，钻石闪着灿烂的光，和田玉透着温润的美。

五月的生辰石是祖母绿，象征爱和生命；生辰玉是翡翠，象征高雅、庄重。它们像是初夏悠然的清风，拂过旺盛的绿林。

图95-5　三月生辰石海蓝宝石项链

图95-6　三月生辰玉台湾蓝宝吊坠

上左/图95-7　四月生辰石钻石戒指

上右/图95-8　四月生辰玉和田玉项坠

下左/图95-9　五月生辰石祖母绿戒指、张欢供图

下右/图95-10　五月生辰玉翡翠手链、韩凤楠供图

图95-11　六月生辰石
月光石耳坠
司雨珠宝工作室供图

图95-12　六月生辰玉
孔雀石耳坠

六月的生辰石是月光石，象征健康、纯洁、富有、幸福；生辰玉是孔雀石，象征青春、活力。流淌入窗沿的皎洁月光，映在熟睡中婴儿莹润的脸庞，阳台上摆着生机勃勃的绿植，六月是宁静且温软的。

七月的生辰石是红宝石，象征高尚、爱情、仁爱；生辰玉是战国红玛瑙，象征热情、繁盛。骄阳炙炙的盛夏，红宝石似恋人间热烈且浓厚的情感，战国红玛瑙则寓意着如火的热情。

八月的生辰石是橄榄石，象征和平、幸福、安详；生辰玉是岫玉，象征温婉、儒雅。清澈亮丽的橄榄石和岫玉，消减了躁人的暑气。

图95-13　七月生辰石
心形红宝石吊坠（6.59 ct）
劳德珠宝供图

图95-14　七月生辰玉
战国红玛瑙手串

225

图95-15　八月生辰石橄榄石耳饰
Olympe Liu设计工作室供图

图95-16　八月生辰玉岫玉雕件《萝卜》
唐勇作品、中国工艺美术博物馆藏
孔华供图供图

图95-17　九月生辰石蓝宝石戒指
劳德珠宝供图

图95-18　九月生辰玉
卡地亚青金石戒指

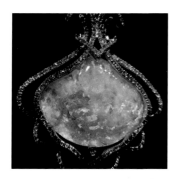

图95-19 十月生辰石欧泊项链

图95-20 十月生辰玉独山玉吊坠

九月的生辰石是蓝宝石，象征真理、高贵、恬静、纯真；生辰玉是青金石，象征威严、睿智。无限夜空的蓝化作了蓝宝石和青金石的底色，而划过夜空的流星则成了青金石上的点点"星光"。

十月的生辰石是欧泊，象征希望、纯洁、快乐；生辰玉是独山玉，象征温润、细腻。丰收的季节，恰似斑斓的欧泊和低调的独山玉。

十一月的生辰石是托帕石，象征友谊、忠诚、爱情；生辰玉是黄龙玉，象征财富、权力。

十二月的生辰石是坦桑石，象征希望、高贵、成功；生辰玉是绿松石，象征幸运、成功。一年已要结束，仿佛看到了冬季蔚蓝天空下伫立的翠绿松柏，来年定是个好时节。

图95-21 十一月生辰石托帕石首饰

图95-22 十一月生辰玉黄龙玉笔洗雕件

图95-23 十二月生辰石、坦桑石项链、Olympe Liu设计工作室供图

图95-24 十二月生辰玉、绿松石胸针

96. 珠宝镶嵌为什么不用足金，而用K金？

我们在逛珠宝店时会惊奇地发现，多数珠宝首饰上都标注有18K或Au750。那么"18K"和"Au750"有什么含义呢？在解决这个疑问之前，首先我们应该清楚K金到底是什么。K金是黄金与其他金属融合而成的合金，英文是Karat Gold，简称K金。不同纯度范围的K金的表示方法不同，18K和Au750则代表镶嵌金属的含金量为75%。也许我们会好奇，为什么昂贵的珠宝首饰不用足金镶嵌呢？K金究竟有什

图96-1 18K素金项链
深圳市缪斯珍珠贸易有限公司供图

么神奇之处，能够打败足金，成为珠宝镶嵌的宠儿呢？

对于"金"这个浑身散发光芒的字眼，大家有着不一样的感情。很多人在购买珠宝首饰时一味追求足金，但足金真的各方面都是最好的吗？其实不然，在珠宝镶嵌领域，K金似乎要略胜一筹。

由于足金过软，较为复杂的设计不能成型，容易导致镶嵌的宝石脱落，安全系数较低。另外，足金的磨损也比较快，性价比不高。这样看来，K金的确有着压倒性的优势。与足金相比，K金的优点主要体现在以下几个方面：在自身特点上，K金的硬度高，不易变形和磨损，能更牢固地固定住所镶嵌的宝石；在颜色上，K金颜色丰富，可以根据需要打造成各种颜色，时尚个性，简洁却不单调，能够满足多数消费者的需求；在工艺上，K金工艺要求比足金高，要经过压块、拉丝、热处理、电镀等十多道工序，做工细致，外观清爽，表面光洁，内光感强；在款式上，K金韧性好、熔点低，更容易塑形，造型百变，能够更加细腻丰富地传递时尚信息。

K金凭借硬度高、光泽感强、颜色多样等优势，创造出了一众百变潮流的珠宝饰品，在珠宝市场中拥有一席之地。在K金的保护与衬托下，珠宝玉石才能更好地绽放华彩，展现专属魅力。

图96-2　18K金珍珠吊坠、深圳市缪斯珍珠贸易有限公司供图

97. 钻石饰品应如何保养?

如同世间没有完美无缺的人一般，钻石也有它自己的"小脾气"。钻石具有亲油性，长期佩戴，容易沾上皮肤的油脂、化妆品以及厨房油渍，导致钻石出现"朦胧"的视觉效果，表面会像毛玻璃般蒙上了一层"雾"。因此在日常佩戴时，应尽量避免沾染油污，同时也应注意，不要用手直接触碰钻石表面，避免沾上指纹和手汗。如果不慎沾染油污，可将钻石放在溶有清洁剂的温水中浸泡10～15分钟，然后用牙刷轻轻刷洗，并用干净的无棉绒布擦干。切忌将钻石直接放在水龙头下清洗，以免水的冲刷力使宝石脱落丢失。除尽量避免钻石沾染油污外，钻石饰品在使用中还应注意以下几个方面。

图97-1　钻石玫瑰镶嵌吊坠
Olympe Liu设计工作室供图

（1）避免接触化工产品。钻石虽然化学性质稳定，一般化工产品无法伤害到钻石，但其配件可能会受到化工产品的腐蚀，造成镶嵌的钻石松动，因此钻饰的日常佩戴应尽量避免接触化工产品，如清洁时的消毒水和漂白剂等。

（2）避免硬物撞击。虽然普通物品无法在钻石表面造成损伤，但是钻石是可以被另一枚钻石伤害到的，因此钻饰应用柔软材质包好，分开收纳。

（3）在海边游玩时，最好不要佩戴

图97-2　钻石戒指
Olympe Liu设计工作室供图

图97-3 "莲花"镶嵌钻戒
缘与美供图

钻饰，以免镶嵌的贵金属因接触海水产生化学反应而发生氧化变色。

（4）佩戴钻石项链时，不要用力拉扯，睡觉之前要取下来，以免钻石项链变形损坏。

（5）日常佩戴中可以经常用柔软的绒布擦拭钻饰，以保持钻饰的光泽度。此外，佩戴一段时间后也可送到专业的珠宝店进行保养清洗处理。

晶莹剔透的钻石在阳光下熠熠生辉，它纯净、坚硬，是美好和永久的象征，但在佩戴的过程中，若想让其持续绽放璀璨华彩，还须注重日常保养。

98. 珍珠饰品应如何保养？

图98-1 珍珠首饰作品《鸣春》

如果有一种珠宝，能够兼具高贵与浪漫、优雅与叛逆、经典与时尚，那一定非珍珠莫属。被誉为"珠宝皇后"的珍珠凭借她莹润的色泽和月亮般的光辉，自被人类发现之时起，就成了高贵优雅的代名词。然而"人老珠黄"，时间沉淀气质，同样也会带来岁月的痕迹。娇贵的珍珠属于有机宝石，主要成分是碳酸钙，易被酸、碱性物质腐蚀，硬度低，极易磨损。如果想要让珍珠永葆光彩，则需小心呵护、细心保养。

（1）珍珠不耐酸、碱，易腐蚀，应尽量避免与化妆品等化学物品接触。

（2）忌油烟。油脂会由珍珠结构相对疏松的位置进入珍珠层，并与其中包含的有机物结合，最终使珍珠发黄。在炎热的天气佩戴完珍珠首饰后应用羊皮、棉或丝制的擦拭布擦净，避免皮肤的油脂渗入珍珠层。

（3）避免长时间暴晒，暴晒容易使珍珠内部的水分蒸发，水分流失，珠光也会随之变淡。

图98-2　黑珍珠萤火虫吊坠

（4）避免长时间与水接触，珍珠表面有许多微小的气孔，当水进入珍珠内部后，不易擦干，容易造成内部发霉，珠光变淡。此外，洗澡、游泳时不应佩戴珍珠。生活用水中经常含氯，使水呈弱酸性，这对人体没有危害，但长期接触含氯的水对珍珠而言却能造成不小的损伤。

（5）忌用超声波仪器或酸、碱类清洁剂清洗珍珠。若珍珠首饰沾染了污物，应用纯净水冲洗，而后轻轻将珍珠上的水分擦净，放在阴凉处晾干，切记不可暴晒或者高温烘烤。

（6）在保存珍珠首饰时，尽量将珍珠放置于阴凉通风的地方，不能长期密封保存。此外，要尽量避免与硬物碰撞而留下疤痕。

（7）在串珍珠项链时，需要在每颗

珍珠之间都打上一个结，以避免珍珠之间相互摩擦造成损伤。另外，珍珠项链也要定期检查，一般2～3年检查一次为宜，防止因丝线磨损导致项链断裂。

99. 彩宝首饰应如何保养?

图99-1　欧泊吊坠

　　赤橙黄绿青蓝紫，彩色宝石宛若雨后彩虹，向世界洒下七彩光芒，色彩缤纷，闪耀动人。这一颗颗记录时光的彩色宝石历经千万年的历练，换来今日的光彩一现，它是坚强的。然而彩色宝石也是脆弱的，需要细心呵护，才能让这一份一眼万年的美丽成为真正的永恒记忆。

　　彩色宝石多数具有脆性，因此十分害怕被碰撞。当进行重物搬运、做饭洗衣之类的家务时，应先将佩戴的彩宝首饰摘下保存在安全的位置，避免被无意磕伤碰伤。保存时，应将每一件彩宝首饰单独收藏，并用质地柔软的软布包裹，以防因外力撞击、摩擦、刻画等情况造成不必要的损失。由于部分彩色宝石化学性质并不稳定，因此在日常佩戴中需避免与化妆品、洗洁精等化学腐蚀性物品接触。同时，进入油烟重或湿气重的地方，如厨房、洗澡间、桑拿房、游泳池等，最好不要佩戴彩宝首饰，以免宝石被污染腐蚀，失去光泽。多数彩色宝石都为贵金属镶嵌，需每月定期检查，若发现镶嵌松脱现象，应及时修理。

图99-2　祖母绿戒指
姜雪冬供图

不同的彩色宝石各有各的特性，在日常保养时需特别注意，小心对待。尤其是欧泊首饰，虽凝结万般色彩，但若娇弱女子，小心呵护，才能让欧泊持续闪耀世间。除上述注意事项外，由于欧泊含水，在长期高温或湿度过低的环境中水分极易流失，导致变彩丧失、光泽暗淡，甚至爆裂，所以在加工或佩戴时不宜与火或高温接触，也不宜在日光下暴晒，在过于干燥的地区也应尽量减少佩戴。此外，欧泊首饰需避免长时间浸泡，长时间把欧泊放在水、油或其他液体中，这些液体可能会残留在欧泊中，使其受到污染，这样会改变欧泊本体颜色或者改变欧泊变彩的颜色。欧泊本身有很小的裂缝，在水的温度与欧泊的温度不同时，长期泡在水里会扩大内部裂缝。除欧泊外，其他彩色宝石，如天然祖母绿瑕疵较多，容易破裂，需要避免强烈挤压和碰撞，以免宝石破碎；碧玺具有"吸灰性"，其表面容易吸附微小杂尘，需定期用软布轻轻擦拭，保持光泽。

图99-3　碧玺吊坠

100. 如何清洗常见的珠宝首饰?

珠宝首饰是提升气质的一大利器,扮靓外表,强化自信,它逐渐成为人们生活中的常客,为平凡的日子增添了一抹亮丽色彩。珠宝首饰拥有着独特的闪耀光芒,然而岁月可能会为它蒙上面纱。如果不做好清洁与保养,光彩就不可能持久绽放,清洗便成为呵护珠宝首饰的第一步。生活中常见的珠宝首饰包括贵金属首饰和宝玉石首饰两大类,针对不同情况,适用的清洗方式也略有不同。

(1)贵金属首饰

常见的贵金属首饰包括黄金、铂金、K金、白银首饰,凡是金属,都会因为暴露在空气中而被氧化,失去它原有的光泽。

对于金饰等大多数贵金属首饰,可以在水中滴几滴皂液,将首饰浸泡5~15分钟,然后用软毛刷轻轻刷洗首饰表面,再用软布擦干水渍,首饰就变得焕然一新。对于一些表面已经发黑的首饰,则须进行深层清洗。在水中加入少量含氨清洁剂后摇匀,然后将首饰泡进混合液中(浸泡时间不得超过1分钟),尽快捞出并用水流冲洗首饰,最后用软毛刷轻轻刷洗,再次用水冲洗并用软布擦干即可。

在常见贵金属首饰中,银制品最容易氧化变黑,因此银制品的保养与清洁则更

图100-1 擦银布,李阳供图

为麻烦。用海绵（软布、软毛刷）蘸取稀释后的清洁剂进行反复清理，直至表面黑色全部消失，再用干燥的软布擦拭干净就能恢复光泽。对于轻度氧化的银饰，可以在日常佩戴时常用擦银布和抛光条进行简单清洁。

（2）宝玉石首饰

常见的宝玉石首饰品类很多，其属性也各有不同，在清洗时要根据宝玉石本身特性选择合适的清洗方法。

图100-2　抛光条，李阳供图

对于钻石和红、蓝宝石等硬度较高的宝玉石，可以直接用清水清洗。这类宝玉石硬度高，结构特性稳定，颜色经久不衰，用清水就能达到清洗效果。如果表面污垢太重，也可使用清洁剂泡洗，然后用牙刷等清洁工具进行清除，最后用软布擦干即可达到理想效果。

对于海蓝宝、石榴石、翡翠等中硬度的宝玉石，则需小心对待。只能用柔软的软毛刷蘸取中性洗涤液轻轻刷拭，用纸吸取残留水分后晾干即可。

对于硬度低且吸水性强的绿松石以及琥珀、珊瑚等有机宝石，要避免用水清洗，只能用软布擦拭表面污物，以免首饰表面失去原本光泽。对于有机宝石中的珍珠，因其不耐磨且表面有气孔，不适合用水清洗，应使用专业的珍珠擦拭布或羊皮布进行擦拭，以免造成磨损。

参考文献

[1]GB/T16552-2017．珠宝玉石名称[S]．

[2]GB/T16553-2017．珠宝玉石鉴定[S]．

[3]何雪梅，张勇．中国矿产地质志·宝玉石卷·普及本[M]．北京：地质出版社，2021．

[4]何雪梅，沈才卿．宝石人工合成技术（第三版）[M]．北京：化学工业出版社，2020．

[5]何雪梅，刘艺萌，刘畅．珠宝鉴定[M]．北京：化学工业出版社，2019．

[6]何雪梅．珠宝微日志[M]．北京：化学工业出版社，2017．

[7]何雪梅．生辰石与生辰玉：选购与佩戴[M]．北京：化学工业出版社，2017．

[8]何雪梅．慧眼识宝[M]．桂林：广西师范大学出版社，2016．

[9]张蓓莉．系统宝石学[M]．北京：地质出版社，2006．

[10]何雪梅．珠宝品鉴微日志[M]．桂林：广西师范大学出版社，2016．

[11]何雪梅．识宝·鉴宝·藏宝[M]．北京：化学工业出版社，2014．

[12]何雪梅．常见珠宝玉石快速鉴定手册[M]．北京：化学工业出版社，2014．

[13]章鸿钊．石雅[M]．天津：百花文艺出版社，2010．

[14]有机宝石学[M]．武汉：中国地质大学出版社，2004．

[15]周佩玲、杨忠耀．有机宝石学[M]．武汉：中国地质大学出版社，2004．

[16]邓燕华．宝（玉）石矿床[M]．北京：北京工业大学出版社，1992．

[17]Chappie．钻石切割入门学[J]．凤凰生活，2018(02)：54-61．

[18]张蕴韬、何雪梅．八箭八心钻石的切工条件[J]．宝石和宝石学杂志，2006（01）：33-35．

[19]苑执中．天然与合成钻石的鉴别[C]．中国珠宝学术年会论文集，2015．

[20]陆晓颖．祖母绿的产地与选购[J]．质量与标准化，2019(08)：32-35．

[21]陈广明．矿物宝石的设计与加工技术——评《宝石加工工艺》[J]．矿业研究与开发，2020，40(04)：172．

[22]李家乐、白志毅、刘晓军编著．珍珠与珍珠文化[M]．上海：上海科学技术出版社，2015．

附录　生辰石、生辰玉一览表

月份	生辰石		象征	生辰玉		象征
一月	石榴石		信仰、坚贞、纯朴	南红玛瑙		吉祥、幸福
二月	紫水晶		诚实、纯真的爱情	大同紫玉		浪漫、神秘
三月	海蓝宝石		沉着、勇敢、智慧	台湾蓝宝		沉着、勇敢、幸福
四月	钻石		恒久真爱	和田玉		纯洁、典雅
五月	祖母绿		爱和生命	翡翠		高雅、庄重
六月	月光石		健康、纯洁、富有、幸福	孔雀石		青春、活力
七月	红宝石		高尚、爱情、仁爱	战国红玛瑙		热情、繁盛
八月	橄榄石		和平、幸福、安详	岫玉		温婉、儒雅
九月	蓝宝石		真理、高贵、恬静、纯真	青金石		威严、睿智
十月	欧泊		希望、纯洁、快乐	独山玉		温润、细腻
十一月	托帕石		友谊、忠诚、爱情	黄龙玉		财富、权力
十二月	坦桑石		希望、高贵、成功	绿松石		幸运、成功